KB126780

남한강 수운의 전통

· 경희대 민속학 연구소 학술총서1 ·

남한강 수운의 전통

이정재, 김준기, 배규범, 이성희 共著

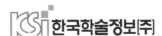 한국학술정보[주]

본서는 2002년 한국학술진흥재단의 지원에 의하여
연구되었음(KRF-2002-072-AS1010)

『남한강 수운의 전통』의 간행에 즈음하여

본 연구팀은 2002년부터 2005년까지 3년에 걸쳐 학술진흥재단의 지원으로 <남한강 수운의 전통과 민속>이라는 과제를 수행하였다. 본 총서는 그동안의 연구 성과를 부분별로 집약한 것이다.

남한강은 실로 거대한 물줄기였다. 사실 소형과제로는 조금 버거운 대상이었는지는 몰라도 연구팀은 그간 최선을 다했다. 그리고 과제수행 중 남한강을 끼고 펼쳐져 있는 지역사회에 대한 애정과 그 속에 담겨 있는 전통과 민속현상에 대한 매력에 흠뻑 빠졌었다. 정선에서부터 내려가던 뗏목과 마포에서부터 올라가던 황포돛단배가 교차하며 하나로 연결되었던 남한강의 각 지역들은 나름대로 특색 있는 문화권을 형성하고 있었고, 이 실체를 규명하는 것이 본 연구에 주어진 가장 중요한 과제였다.

남한강 줄기를 따라 곳곳에서 거행되었던 줄다리기는 농경과 강의 문화가 만들어낸 용신신앙의 발현일 것이고, 양평·여주 등지의 고창굿과 충주·제천 등지에서 발견되는 별신굿은 동제(洞祭)와 놀이가 결합하여 사람들을 끌어들이는 흡인력으로 지역 사회의 발전에 일익을 담당하는 종교적 축제였을 것이다. 또한 뗏꾼들에 의해 불려졌던 정선 아라리의 가락이 강줄기를 타고 남한강 전역에 영향을 미친 것도 강을 통해 각 지역의 문화소(文化素)들이 상호 영향을 미쳐왔음을 입증해주는 자료라 하겠다.

남한강의 역사와 더불어 운명을 같이 하던 이들 지역들. 아쉬운 것은 현장조사를 통해 확인되었듯이 이제는 육로의 발달과 댐의 건설로 말미암아 숨소리조차 잦아지고 있는 형편이라는 것이다. 이러한 지역 상황은 답사 기간 내내 과연 남한강의 시대는 지났는가 하는 의문을 연구팀에게 던져 주었다. 그리고 연구팀에게 강박관념으로 다가왔던 것은 그렇지 않다는 대답과 함께 이들 지역에 활력을 불어넣을 수 있는 미래의 비전을 찾아 제시해야 한다는 일종의 의무감이었다.

남한강은 과거 군사력의 시대에는 국방의 요충지였고, 경제력의 시대에는 신흥 부유층을 생성시키며 경제의 중심지로 전성기를 구가했던 지역이다. 우리가 향유해갈 21세기는 문화의 시대라 일컬어진다. 그렇다면 유구한 전통과 문화가 깃든 남한강이야말로 다시 한 번 번영할 수 있는 기회를 잡을 것이 틀림없다. 물론 그 전통과 문화를 어떻게 성공적으로 재연하고 응용할 수 있는가 하는 것이 관건이 될 것이다.

본 연구팀은 양평에서 정선까지 군청, 시청, 문화원 등을 방문하며 이들 지역 단체에서도 동일한 고민을 하고 있으며, 지역적 전통문화를 되살려 이를 관광 자원으로 이용하려는 노력을 확인할 수 있었다. 이는 분명 무척 고무적인 현상이었으나, 단기적인 효과를 거두려는 조급함은 버려야 할 것으로 보였다. 전통문화를 이용한 관광 상품들은 당장의 수지타산을 따질 문제가 아니라, 안으로는 지역 주민들에게 자신의 문화에 대한 자긍심을 고취시키고 밖으로는 지역을 널리 홍보할 수 있다는 점을 감안하여 거시적인 안목으로 추진되어야 하기 때문이다. 게다가 남한강 유역은 수려한 자연 환경도 가지고 있다. 21세기 남한강 시대를 열어갈 중요한 요소 중 관광 자원은 주축이 될 것이 확실하다. 이를 위해 그간 개발의 논리로 파헤쳐지고 오염되었던 남한강을 되살리는 작업 역시 시급히 해결해야 할 과제인 것이다.

이렇듯 환경과 전통문화가 어우러진 강마을의 재건설이야말로 남한강 유역의 지역 사회가 나가야 할 방향이라고 생각한다. 이러한 의미에서 양평 여주 등지에서의 돛단배 재현과 단양, 영월, 정선 등지의 뗏목 축제 등은 주목할 만한 행사들이라 본다. 강을 오염시키지 않는 한도에서 그간 버려져 있던 강이라는 관광 자원을 활용하고 있기 때문이다. 강은 그냥 방치해 놓고 보는 것보다는 활용하면서 관리할 때 오히려 강변 환경을 정화시킬 수 있고 보존하는 길이 아닐까 하는 역설적인 생각도 해본다.

그동안 남한강의 연구 조사에는 많은 연구원들의 노고가 있었다. 특히 현장조사뿐 아니라 원고 집필에 도움을 주었던 김필래·김희찬·김태우 선생에게 감사를 드린다. 이 밖에도 강호정·김희정·남찬원·편성철 석사의 노고도 적지 않았다. 그간 연구책임자나 연구원 모두가 일치되어 남한강 수운의 전통에 대해 매진했기에 이 작은 성과들을 일굴 수 있었다고 본다. 또한 이 책자의 출판을 흔쾌히 허락해 주신 한국학술정보[주]에 감사의 말씀을 올린다.

끝으로 본 연구팀이 남한강의 전통문화에 관한 총서를 계획할 수 있음은 해당 지역의 관청과 마을 어른들의 제보가 있었기에 가능한 것이었다. 아무쪼록 이 책자들이 묵묵히 남한강을 지키고 계신 그분들에게 조금이라도 힘이 되었으면 하는 바람이다.

2007년 6월
경희대학교 민속학연구소
소장 이정재

|목 차

I. 머리말 11

II. 남한강 수운(水運)의 역사와 기능 19

III. 남한강의 나루 63

Ⅰ. 머리말

강원도 태백의 검룡소와 오대산 우통수에서 발원하여 한반도의 중부 지역을 관류하여 경기도 양평의 두물머리에서 북한강과 합류하는 남한강은 그 기나긴 물줄기를 따라 치열한 역사가 담겨 있다. 남한강 유역은 어디를 가나 유물과 유적이 즐비하고, 떼꾼

┃그림 1┃ 남한강의 시원지 검룡소

들의 삶과 장터의 정취 그리고 강마을의 생활 풍속이 넉넉히 깃들어 있다. 지금 이곳은 과거의 융성했던 모습이 사라지고 드라이브 코스 정도로 전락되어 있지만, 다행히도 아직은 옛 모습을 기억하는 떼꾼과 장돌뱅이, 마을 어른들이 생존해 있어, 체계적으로 연구하고 조명한다면 우리 고유의 전통적 생활양식과 지역 문화의 창조적 재현이 가능한 지역이기도 하다.

남한강 지역에 관한 선행 연구는 대개 문헌 조사 위주의 보고서적 특성을 지니거나 현장답사 위주의 기행문적 특성을 지니고 있었다. 전자의 경우 한강 수운의 역사적 연구와 과거의 경제 활동을 중심으로 편성되어 있고, 실제 현장 조사를 통한 확인 작업이 미흡하여 현장성이 떨어진다. 후자의 경우는 경제 교역지로서 남한강 지역이 지니는 생활 문화적 특성을 심도있게 논의하는 데는 한계가 있다. 물론 이와 같은 선행 연구를 통해 남한강 유역이 지니는 역사적 가치와 지역적 특징이 나름대로 정리되었다 할 수 있으나, 지역 연구를 통해 우리가 진정으로 이끌어내고자 하는 지역 사회의 전통적 재창조라는 미래의 전망과 방향성의 정립은 찾아보기 힘들다.

이 글은 선행 연구의 위와 같은 문제점을 보완하여 현장 조사를 통하여 남한강 수운의 관련 지역이 가졌던 전통문화에 대한 학문적인 관심뿐만이 아니라, 이러한 전통 문화의 현재적 활용성을 부각시켜 지역 사회의 발전에 이바지할 수 있는 방향을 모색하게 될 것이다.

이 글의 중심내용은 남한강 수운의 전통이다. 남한강은 한반도 중부지역의 내륙수로(內陸水路)로서 예로부터 사회, 경제, 문화의 대동맥 역할을 해 왔다. 남한강 물길의 곳곳에는 양평, 이포, 여주, 목계, 충주, 황강, 영춘, 단양, 영월 등의 중심 포구와 지역 경제를 이끌었던 장터들이 위치해 있다. 이들은 혈관처럼 뻗어 있는 내륙 지역의 육로와 연결되어 중부지역 전체에 영향력을 미쳤다. 이를 통하여 남한강이 관류하는 중부지역은 '남한강 문화권'이라고 불릴 만큼의 동일 문화권을 형성하게 되었던 것이다.

이 글은 현장 조사를 바탕으로 정리되었는데, 본격적인 조사지역은 남한강의 시원인 강원도 태백의 검룡소와 오대산의 우통수에서부터 북한강이 합류하는 양평 양수리까지가 될 것이다. 그러나 남한강 뗏목의 출발지인 정선의 아우라지, 남한강 수운의 중심지인 충주의 목계 등의 지역은 조금 더 큰 비중으로 조사를 하였고, 종래 남한강 수운의 종착지는 서울의 뚝섬과 용산, 마포에까지 이어지므로 남한강 수운과 관련된 서울의 한강 본류 지역도 참고 지역으로 삼았다.

이렇듯 광범위한 지역에 이르는 남한강 유역의 현장 조사를 통해 우리는 선사시대 문명의 유적지였고, 삼국시대 이후 중원문화의 중심지였으며, 세곡(稅穀)을 저장하고 운반하거나 민간 교역이 이루어지는 경제의 중심지였던 남한강 유역의 다양한 역사의 자취를 충분히 찾을 수 있었다. 그러므로 남한강이 지닌 진면목을 모두 기술하려면 역사, 경제, 문학, 민속을 다 포괄하는 방대한 작업이 되어야 할 것이다. 그러나 이를 한꺼번에 조명하는 것은 거의 불가능한 일이므로 나머지 작업은 남한강 총서의 후속 작업으로 미루기로 하고, 우선적으로 선택한 것은 남한강 수운의 전통이다.

남한강 수운의 전통을 남한강 연구의 첫 번째 과제로 삼은 이유는 전통을 바탕으로 하는 문화의 재창조라는 이 글의 미래지향적인 취지에 가장 알맞은 대상이었기 때문이다. 현재 대부분의 지역 사회는 점점 정체성을 잃어버리고, 인구도 도심으로 대거 이동하여 이제는 그 존폐 상황까지 거론해야 하는 실정으로 전락하고 말았다. 이러한 현재 상황을 고려할 때 지역 사회를 연구하는 진정한 목적은 과거 지향적이 아니라 미래 지향적이어야 한다. 즉 전통을 잃어버린 우리의 지역 사회를 다시 설계하고 생기를 불어넣는 작업이 절실한 것이다.

이 글은 이러한 취지에서 획일화된 근대화 작업에 희생이 되어 발전은커녕 오히려 낙후된 채로 해체되어 가고 있는 지역 사회에 전통적 지역 문화에 대한 자긍심을 고취하고 전통 문화의 현대적 재창조를 통한 지역 사회의 발전을 위한 모델링 작업을 목적으로 하고 그 대상지역은 남한강 수운(水運)으로 설정하였다.

남한강은 한강의 상수원인 까닭에 여러 가지 개발 제한에 묶여 있다. 이러한 개발 제한은 강뿐만 아니라 주변 지역도 해당되므로 남한강 유역의 지역사회는 대부분 방치된 상태로 오지로 전락하고 있는 실정이다. 물론 한강의 상수원 보호도 중요하고, 자연 보존도 중요하다. 그러나 남한강 유역을 더 이상 수도권을 위한 희생의 지역으로 버려둘 수는 없는 것이다. 이 모두를 유지하면서 지역사회의 발전을 모색할 수 있는 것은 남한강의 또 다른 기능을 부여하는 것이다.

이 기능은 바로 문화관광의 기능이다. 남한강을 대한민국을 대표하는 문화관광벨트로 만들 수 있다면 상수원의 보호, 자연의 보존, 지역사회의 발전이라는 일석삼조의 효과를 거둘 수 있기 때문이다. 남한강 유역은 이를 수행하는 데 충분한 역사적 전통을 간직하고 있는 지역이다. 남한강 상류에서 광나루나 뚝섬에까지 흘러내리던 뗏목이나 남한강 물줄기를 거슬러 올라 영월의 덕포까지 이르렀던 장삿배의 활동은 남한강 전역을 연결시키며 이들 지역 사회를 번영시켰던 탯줄이었다. 더구나 이러한 수운의 활동을 통해 이루어진 나루의 축제 문화와 민속적 전통은 관광상품으로 개발될 충분한 가치를 지니고 있다.

이 기나긴 물길의 재활용은 남한강 지역에 활력을 불어넣는 핵심 작업이 될 것임이 분명하다. 예를 들어 뗏목과 장삿배의 복원은 전통문화를 이용한 관광자원이 될 수 있다. 또한 각 나루터와 전통 시장의 복원은 관광차원을 넘어서 지역 사회의 경제생활을 향상시켜 주고 지역 간의 유대감을 회복시켜 줄 것이다. 조창(漕倉)과 장터가 있던 중심 나루지역은 여각, 객주, 난장 등의 장터문화와 별신판과 마을축제 등의 지역축제를 재구성하여 지역적 정체성의 확보에 기여할 수 있는 것이다.

이 글의 성과가 남한강 지역 문화단체에 제공되어 창조적으로 응용된다면 정체된 남한강 지역의 전통 문화를 활성화시킬 수 있고, 각 지역 주민들에게는 지역 사회의 전통에 대한 자긍심을 갖게 하여 각 지역마다 그들의 정체성을 살리는 문화 사업을 지속적으로 계발(啓發)하게 하는 동기를 부여하게 될 것으로 전망한다.

┃그림 2┃ 남한강과 북한강이 합류하는 두물머리 나루터

Ⅱ. 남한강 수운(水運)의
역사와 기능

1. 남한강 수운(水運)의 개관

한강이 물길로 이용되었던 것은 선사시대부터일 것이다. 애초에 강은 그곳에 정착한 사람들에게 풍족한 자연 환경을 제공하였겠지만, 통행을 방해하는 요소가 되었다. 그러나 사람들은 강에 나무를 띄우면 수시로 건널 수 있고, 오히려 무거운 물건을 손쉽게 이동시킬 수 있는 물길이 된다는 것을 어렵지 않게 발견할 수 있었을 것이다.

이렇듯 소박하게 이용되었을 한강의 물길이 본격적인 수송로로 급부상되는 때는 고려조의 조운제(漕運制)부터였다. 고려 초에 세곡(稅穀)을 보관하기 위하여 전국에 12개의 조창을 설치했다고 하는데, 강에 설치하였던 조창은 두 곳으로 모두 남한강에 위치하고 있었다. 원주의 흥원창(興原倉)과 충주의 덕흥창(德興倉)이 바로 이 두 곳이었다.[1] 이 중 흥원창은 지금의 원주시 부론면 흥호리에 위치하였고, 덕흥창은 충주시 가금면 창동에 위치한 곳으로 금천창(金遷倉)이라고도 하였는데, 조선 초에는 경원창(慶原倉)

---

1) 국립민속박물관, 『한강－한민족의 젖줄』, 2000. 54쪽.

으로 이름이 바뀌었다가 세조 7년(1461)에 조금 하류인 가흥리로 옮기어 가흥창(可興倉)이라 하였다.[2)]

|그림 3| 흥원창 기념비

고려 말에서 조선 초까지 왜구들의 해안 출몰이 잦아지자 조운 체계에 변화가 생겨 해상 수운은 중단되고 내륙 수운 위주로 바뀌었다. 당시 세곡은 낙동강−계립령, 죽령−한강−동강포로 이어지는 내륙 교통로를 이용하여 운송되었는데, 죽령은 경북 풍기에서 충북 단양으로 이어져 남한강과 연결되고, 계립령(겨릅재, 하늘재) 역시 경북 문경시 관음리에서 충주시 미륵리를 잇는 고개

---

2) 한국향토사연구전국협의회, 『한강유역사연구』, 도서출판 산책, 1999. 279쪽.

였으므로 남한강이 차지하는 수운의 비중도를 잘 방증해 주고 있다. 애초 조선의 한양 천도 역시 이러한 남한강 수운의 중요성에 영향을 강력하게 받은 것이었다 한다.3)

세곡의 운송은 처음 관선(官船)을 이용하였지만, 16세기 이후에는 사선(私船)으로 대체된다. 이렇듯 수운이 사선업자들에 의해 주도된 것은 남한강의 수운 체계에도 커다란 변화를 가져왔을 것이다. 사선은 그간 소작료의 운송과 소규모의 물물교환 정도를 담당하였을 터이지만, 세곡의 운송에 뛰어듦으로써 사선업자들은 드디어 남한강의 새로운 주인으로 등장하는 계기를 마련하였다. 사선업자의 이윤창출은 선박의 규모나 척수를 극대화하고 세곡운송의 경험 축적을 바탕으로 또 다른 이윤창출 행위를 모색하게 하여 상품의 유통에도 적극적으로 뛰어들게 하였을 것이다.

그 후 경상선인(京江船人)과 지방선인(地方船人)에 의해 이끌어지던 세운은 경강상인들의 부정으로 폐해가 심해지자 17세기 이후에는 지방선인들에게로 이양된다. 이를 계기로 상대적 열세에 있었던 지방의 선주들은 그간의 격차를 줄이며 지역의 신흥세력으로 급부상하게 되었다.

이러한 지방선인들의 성장은 18세기경 상품화폐경제의 발달로 인한 상품 유통의 증대와 맞물리면서 드디어 남한강 수운의 전성기를 이끌어 내는 것이다. 조선 후기 생산력의 증대는 잉여생산물을 만들어 냈고, 이 잉여생산물의 교환을 위해 장시와 나루가

---

3) 『태조실록』, 권3, 「태조 2년 2월조」.

필요하게 되었다. 특히 돛단배와 같은 운송체계의 발달은 나루를 원격지 무역의 중심지로 부상시켜 남한강 유역의 중심 나루들은 상업포구로 성장하게 되는 것이다.

19세기 『대동지지』에 의하면 남한강에는 43처의 나루가 있어서 5-6km마다 나루가 분포되어 있는 셈인데, 양근 8처, 광주 8처, 여주 6처, 충주 8처로 충주까지의 남한강변에 나루가 집중되어 있었다.[4] 이 가운데 갈산, 이포, 흥호, 목계, 금천, 황강, 청풍, 단양, 영춘 등의 중심 나루는 갯벌장이 서는 상업포구였다.

또한 이때는 경강상인들이 시전(市廛)의 금난전권(禁難廛權)에서 벗어나 객주, 여각 등을 형성하며 중부지역의 물화를 거의 독점하였던 시기였는데, 지방의 상인이나 강주인(江主人)들도 이러한 영향을 받아 특정 물품을 독점하는 사상도고(私商都賈)로 성장하였다.

조선시대의 5대 갯벌장으로 손꼽혔었다는 송파의 경우 도가상업(都家商業)의 근거지가 되며 객주집이 즐비한 곳이었고, 전국의 10대 상설 시장으로 손꼽혔다 한다. 이러한 상업포구의 융성은 경강 지역에만 해당하는 것은 아니었다. 역시 5대 갯벌장의 하나인 목계는 충주 전역을 비롯하여 제천, 원주, 음성, 괴산, 그리고 경상도 북부지방의 상인까지 모여들었던 상업포구였다. 목계에는 7대 여각이 유명하였는데, 그중 김유관 여각은 안채 5칸, 객실 17칸, 마방(馬房) 10칸, 창고 40칸에 달하는 규모를 가지고 있었고,

---

4) 김종혁, 「동국문헌비고에 나타난 한강 유역의 장시망과 교통망」, 『경제사학』 30호, 경제사학회, 2001. 21쪽.

목계의 창고 중에는 10,000석을 저장할 수 있는 창고도 있었다 한다.[5]

갯벌장의 거래품목으로 하류지방에서는 소금, 새우젓, 염건어, 직물 등─개항기 이후에는 설탕, 석유, 시멘트 등의 수입상품도 거래되었다─이 올라오고, 상류지방에서는 미곡, 콩, 참깨, 담배, 옹기, 임산물 등이 내려갔다. 이러한 물품들은 주로 객주, 여각을 통해서 거래되었기 때문에 물건을 저장하기 위한 창고도 많았고, 주막도 번성하였다. 이렇듯 조선후기를 거쳐 구한말에 이르기까지 남한강 수운은 전성시기를 보내며 지역의 번영을 이끌어 왔던 것이다.

그러다 일제 강점기부터 남한강변의 주요 길목에는 신작로가 생기고 철도가 지나가게 되었다. 생활물품과 목재들을 실어 나르던 돛단배와 뗏목들은 이제 더 이상 경제적인 운송수단이 아니었다. 훨씬 더 저렴하고 편리한 수단인 트럭과 기차가 새로운 운송수단으로 자리매김을 하게 된 것이다.

이렇듯 남한강의 수운은 우리나라 최대의 소비지였던 한양을 중심으로 활동한 경강의 상인들과 물품을 공급하던 지방상인들, 그리고 그들의 활동무대로 상업포구로 성장했던 나루의 성장과 궤를 같이 하므로 이에 대한 역사적 면모를 좀 더 자세히 살펴볼 필요가 있다.

---

5) 김예식, 「남한강과 수운-수로를 통한 물류통상」, 남한강학술회의 자료집, 2001. 33쪽.

2. 조운(漕運) 제도와 선상(船商) 활동

1) 조운 제도의 정비와 조창(漕倉)의 설치

이 글에서 사용한 수운(水運)의 의미는 넓은 의미로 강물을 이용한 물품의 수송과 유통을 총칭하는 것이다. 하지만 기존의 수운(水運)은 협의의 의미로 조운(漕運)을 뜻한다. 조운이란 조세(租稅)로 징수한 미곡(米穀)이나 포목(布木) 등을 선박으로 운송하는 제도를 말하며, 조전(漕轉), 해운(海運), 수운(水運), 참운(站運), 선운(船運)이라고 불리기도 하였다. 국가에서는 조세미(租稅米)의 수송을 위하여 군현(郡縣)에서 받아들인 조세미를 그 인근의 수로(水路) 연변(沿邊) 또는 해안에 설치한 창고에 임시로 쌓아 두었다가 일정한 시기를 기하여 조선(漕船)에 실어 중앙의 경창(京倉)으로 수송하였다. 자연 조운(漕運)은 출발 지점, 기항(寄港) 지점, 도착(到着) 지점으로 나눌 수 있는데, 이 3개 지점을 잇는 선이 주된 운항로가 된다. 그리고 출발 지점에 설치한 창고를 조창(漕倉) 또는 수참(水站)이라고 한다.

우리나라의 조운제도는 이미 고려시대부터 발달하였다. 즉 고려왕조는 초기부터 남방 연해안과 한강 수로변에 12조창을 두고서 국가의 세곡을 예성강 입구의 경창으로 운송하였다. 그러나 무신란 이후 국내 정세가 동요되면서 여러 제도도 문란해졌고 더욱이 왜구가 창궐하면서 조운은 거의 폐지되다시피 되었다.

이후 위화도회군으로 정권을 장악한 이성계를 중심으로 한 신흥사대부들은 자신들의 경제적 기반과 장차에 있을 새로운 국가를 위하여 국가의 경제체계를 정비하였다. 여기에 나타난 것이 전제(田制) 개혁과 조운제(漕運制)의 재정비였다.[6]

『경국대전(經國大典)』에 의하면 조선 왕조의 조창(漕倉)은 9개로서, 그중 3개소가 한강 연안에 위치하고 있었다. 충주(忠州)의 가흥창(可興倉), 원주(原州)의 흥원창(興原倉), 춘천(春川)의 소양강창(昭陽江倉)이 그것이었다. 각지에서 올라온 세곡은 이들 조창에서 집결되었다가 한강을 경유하여 서울의 경창(京倉)으로 수송되었다.

각 조창에는 수참판관(水站判官)을 두어 각 조창에서의 세곡수납과 반출을 감독 관리케 하였다. 그 아래에 서기(書記) 1인, 사령(司令) 2인, 흡창(吸唱) 1인, 주자(廚子) 1인, 통인(通人) 1인의 임시 요원이 있어 창고 행정을 맡았으며, 평시에는 이와 별도로 각 조창에 고직(庫直) 2인을 배치하여 세곡 간수에 힘썼다.[7] 또한 창고는 3년, 5년 혹은 10년마다 이를 주관하는 감독관이 물품을 조사하는 반고(反庫)를 행하여 현품(現品)과 장부(帳簿)를 대조하였다. 그리하여 부정 여부를 검사하였으며, 재고품의 보존 관리가 적합한가를 조사하였다. 이렇듯 조창에 수납되는 세곡이 국가재정의 주요 근간임을 감안하여, 매우 엄격한 감독과 관리가 지속되었던 것이다.

---

6) 최완기, 「조선전기 조운시고」, 『백산학보』 제20호, 1976, 395쪽~399쪽.
7) 『大典後續錄』 戶典 漕轉條

┃그림 4┃ 충주 가금면 가흥창터

해운과 수운을 통해 올라온 세곡들은 서울의 남쪽 한강변에 설치된 경창으로 집결되었다. 해운을 통하여 한강 하류를 거슬러 온 충청·전라·황해도의 세곡은 서강(西江) 변에 위치한 광흥강창(廣興江倉)과 풍저강창(豊儲江倉)에 집적되었고, 수운을 통하여 한강 상류를 흘러온 경상·강원·충북의 세곡은 용산강 변에 위치한 군자강감(軍資江監)에 수납되었다. 이들 중앙정부의 창고는 모두 태조 원년에 설치된 이래 국가 재정을 담당하여 왔다. 이 중 광흥창(廣興倉) 세곡은 정부 관료의 녹봉으로, 풍저창(豊儲倉) 세곡은 왕실 비용으로, 군자창(軍資倉) 세곡은 군량미로 각기 충당되었다.

2) 조선(漕船)과 수로(水路)의 관리

관선(官船)을 이용한 조운 체제에 있어서 핵심은 조창의 관리와 아울러 조선(漕船)과 그를 관리할 조졸(漕卒)의 확보에 있었다. 즉 개개 농민 혹은 각 읍을 단위로 하여 조창에 수납된 세곡을 다시 경창(京倉)으로 조운하기 위해서는 조선(漕船)과 이를 부리는 조졸(漕卒)이 다수 필요하였던 것이다.

조선시대에는 선박의 건조와 관리를 위하여 사수감(司水監)이라는 담당기관을 두었다. 사수감은 이후 『경국대전』에 전함사(典艦司)로 정착되었는데, 경외(京外)의 선박과 세곡 운송을 맡은 조선(造船)·참선(站船)의 관리도 맡았다. 또한 전함사는 내사(內司)와 외사(外司)로 구성되어 있었다. 징청방(澄淸坊)에 있던 내사는 선박의 관리 혹은 조선의 관리 사무를 주관하였으며, 서강(西江) 연안에 있던 외사는 바로 조선소(造船所)였다.[8]

조선 사업은 세조가 즉위하면서 본격적으로 시행되었다. 세조는 국가 질서를 확립함으로써 강력한 중앙 집권화를 추구하였다. 중앙 집권화에는 국가 재정의 충실이 절대적으로 필요하였다. 여기서 조운제의 중요성이 제고되면서 그 원활한 운용을 위하여 조운(漕運)의 조선(漕船) 작업이 대대적으로 시도되었다. 당시 건조된 조선의 규모와 형태는 송목(松木) 17~18조가 소요되는 대선(大船)이었다.

---

8) 강만길, 「李朝漕船史」, 『한국문화사대계』 Ⅲ, 1970, 884쪽.

초창기 한강 조운은 대체로 중선과 대선을 중심으로 이루어졌다. 그러나 대선과 중선은 선체의 규모가 큰 데 비해 실제 가용할 수 있는 수부(水夫)의 수가 적은 사정으로 인해 그 운용이 쉽지 않았다. 결국 대선보다는 중선을 주로 활용하게 되었다. 한편 이들 조선(漕船)의 적재량은 대략 해선(海船)은 1,000석, 강선(江船)은 200석이었다.

조선(漕船)이 조운(漕運)의 객체라고 한다면 조졸(漕卒)은 주체라고 할 수 있다. 조졸은 조군(漕軍)이라고도 불리는데, 사공(沙工)과 격군(格軍)으로 구분되어 있었다.

이들 조졸은 거의 세습직(世襲職)으로 신양역천(身良役賤)[9]에 속한 계층이었다. 현실적으로는 거의 불가능한 일이었지만 법제상으로는 상직(賞職)을 받거나 과거에도 응시할 수 있었다. 그러나 실제로 그들은 혹독한 노동력의 착취로 인해 교육의 기회가 전혀 부여되지 않았다. 더구나 매년 계속되는 공부(貢賦)의 수송(輸送), 허다한 잡역(雜役), 위험 부담률이 큰 해상 활동 등은 그들의 자유로운 생존을 결코 허용하지 않았다.

이같이 불리한 여건 속에서 조졸들의 피역(避役)과 대역(代役)은 빈번하게 발생하였다. 결국 이러한 현상은 조운(漕運) 운영뿐만 아니라 해상 방어에도 심각한 차질을 초래하였다. 선군(船軍)의 해상 방어 임무를 원활히 살리면서도 조운의 운영을 원활히 하는 길은 선군을 조운 활동에서 배제하고, 그 대신 조운을 전담

---

9) 신분은 그대로 양인이나 부역이 천한 경우를 말한다.

하는 새로운 집단을 확보하는 방법이었다. 결국 성종 때에는 조군(漕軍) 4,470명을 확보하고, 그 밖의 선군(船軍)은 수군(水軍)으로 개칭하여 해상 방어의 임무만을 전담시키는 조치를 단행하였다. 조군을 확보함과 더불어 그 역을 완화시켜 주는 등의 노력이 강화되었고, 이를 통해 조졸은 하나의 직업인으로 고정되기에 이르렀다.

조운의 운영에 있어서 조난 사고는 가장 골칫거리였다. 실제 조난 사고는 거의 매년 연례(年例) 행사와 같이 빈번하게 일어났다. 조선(漕船)의 침몰은 국가 재정상의 손실은 말할 것도 없고 민간에게 준 폐해도 엄청났다.

이에 조난사고를 사전에 예방하기 위하여 여러 가지 운항지침이 강화되었다. 아울러 한강에서의 수로 관리에 더욱 유의하게 되었는데, 그 실례가 바로 태조4년(1395) 용산강(龍山江)에서 충주(忠州) 금천(金遷)에 이르는 한강 연안에 세운 수로전운소완호별감(水路轉運所完護別監)이었다. 『세종실록지리지(世宗實錄地理志)』에 의하면, 충주(忠州)의 금천(金遷), 여주(驪州)의 여강(驪江), 천령(川寧)의 이포(梨浦), 양근(陽根)의 사포(蛇浦), 광주(廣州)의 광진(廣津), 그리고 한강도(漢江渡), 용산강(龍山江)이 그곳이었다. 수로전운소완호별감(水路轉運所完護別監)은 태종14년에 이르러서는 수참전운사(水站轉運使)로 고치면서 사(使)·부사(副使)·판관(判官) 등의 직책을 두어 그 기능을 강화하였다. 각 수참은 조운(漕運)에 임하여서는 조선의 안전 운항을 위하여 그 안내와 경호를 맡았으며, 조운을 하지 않을 때에는 하천 관리를 담당하였다. 예를 들어 사토(沙土)가 퇴적되어 수심이 얕아지고 수중의 암석이 물 밖으로 드러나는 일 등을 사전에 방지하였다. 수운에 있어 중요한 운송로였던 한강 조운로는 장장 260리에 이르는 뱃길이었다. 그러기에 수로 관리에는 각별한 주의를 요하는 것이었으며, 그 내용 또한 상당히 어려운 것이었다.

3) 민간(民間) 선운업자(船運業者)의 활동과 경영 형태

조운제(漕運制)의 확립과 더불어 민간 선운업자에 의한 사설항로(私設航路)도 점차 발달되어 갔다. 조선조에서 한양(漢陽)은 확고한 경제적·정치적 위상을 가진 곳이었다. 특히 한양 남쪽의 한강, 즉 경강(京江)이라 불리는 곳으로 전국의 중요한 물산이 선운(船運)에 의하여 운반되었다. 자연 경강 연변에서는 조선 초기 이래로 운수업(運輸業)은 물론 선박으로 상업 활동을 하는 선상업(船商業)이 발달하였다. 이곳 경강을 중심으로 상업 활동을 하던 상인군을 경강상인(京江商人)이라 부른다. 그들은 용산, 서강, 마포를 중심으로 활발한 상업 활동을 전개하였다.

경강상인들의 활동은 당초 세곡 운반을 중심으로 전개되었다. 조선 왕조가 전국에서 거두는 세곡은 대부분 선박을 통해 운반되었다. 조운제(漕運制) 자체를 놓고 볼 때, 그 세곡의 운반은 조선(漕船)이나 병선(兵船)으로 하는 것이 원칙이었다. 하지만 조선(造

船)과 해상방위[海防]의 문제점으로 인해 차츰 사선(私船)이 동원되기에 이르렀다. 거기다 양반 지주들이 지방 농장에서 거두어들이는 지조(地租)의 운송 문제까지 더해지면서 민간 선운업자들의 활동 영역은 더욱 확대되어 갔다.

경강상인(京江商人)들의 활동은 세곡 운송을 통한 운수업에만 한정되지 않고, 선상(船商) 활동에 있어서도 그 능력을 보여 주었다. 그들은 서울이란 최대의 소비 도시를 배경으로 미곡(米穀), 어물(魚物), 소금, 목재(木材) 등을 상품으로 하여 선상 활동을 폈다. 자신 소유의 선박을 이용하여 전국 각지에서 쌀과 어물, 소금 등을 구입하여 육로나 해로로 직접 운송한 뒤, 서울 시내의 시전 상인(市廛商人)들에게 공급하였다.

선박(船舶)을 통해 상품 유통에 참여하는 자들은 자본을 대는 물주(物主)와 선박의 소유자인 선주(船主), 그리고 항해 책임자로서 선장격인 사공(沙工)과 노를 젓는 격군(格軍)으로 구성된다. 이들 중 선상(船商)이라 칭할 수 있는 자들은 물주(物主)와 선주(船主)였다. 그러나 때에 따라서는 사공이나 격군들도 소규모의 상품을 가지고 독자적으로 판매활동에 참여하는 경우도 있었다. 그러나 대체로 18세기까지 외방(外方) 선상층(船商層)은 물주(物主)와 선주(船主)와 사공(沙工)이 일치하여 전업(專業)으로서 선상(船商) 활동을 하는 경우가 일반적이었다.

물주(物主)는 대부분 양반층이거나 관리층으로 선인(船人)들에게 일정한 이익을 나누어 줄 것을 약속하거나, 그들을 고용하여 상품 유통을 대행시킨 상업 자본가였다. 또한 선주(船主)는 대부분 양인(良人)이나 사노(私奴)가 많았다. 사공(沙工)은 선장(船長)으로서 다른 선인들에 비해 기술적인 숙련도를 요구하는 직책이었고 양인보다는 천인이 많은 편이었다. 이러한 현상은 배 타는 일 자체가 전통적으로 천시되었으며, 특별한 기술적 숙련도를 요구했기에 양반층이 담당하기에는 무리였던 것이다. 격군(格軍)은 노 젓는 일을 담당하였으므로 가장 고된 일을 맡았다. 대체로 양인 하층 이하의 신분층으로 구성되고 있었는데, 양인보다 천인층이 많았다. 물주에게 고용된 그들은 농민층 분해 결과 토지에서 분리된 유리민(遊離民)인 경우가 많았다.[10] 이들은 여름에는 어업으로 생계를 이어갔지만, 배를 운항하기 어려운 겨울에는 품을 팔아먹고 사는 자들이었다.[11] 격군 대부분이 유리민으로 충원되는 것은 노 젓는 사람으로서 특별한 기술을 필요로 하는 작업은 아니었기 때문이다.

선상들의 경영 형태는 선주(船主)와 사공(沙工), 격군(格軍) 그리고 물주(物主)가 어떠한 방식으로 결합하여 상업 활동을 하는가에 따라서 매우 다양하게 나타난다. 자신이 직접 선주이면서 배를 부리는 선인(船人)으로서 선상활동을 하는 자 외에도, 화물 운송만을 전문으로 하는 형태[貰卜爲業者], 선주로서 선상들에게 배를 대여하여 임대료를 받는 형태[船舶賃貸業者], 그리고 배를 임차(賃借)하고 선인을 고용하여 선상 활동을 하는 형태[以船商爲

---

10) 『漂人領來謄錄』 권9, 壬寅 5월 28일.
11) 『左捕廳謄錄』 권14, 丙寅 7월 18일.

業者], 그리고 소형 선박을 가지고 어로 활동[漁採]을 직접 해서 이를 인근 포구에서 판매하는 형태[以船爲業者] 등이 있었다.

이 중 선상(船商)의 지배적인 경영 형태는 크게 두 가지 형태로 구분된다. 첫째, 선인(船人)들이 직접 상품 유통의 담당자가 되는 경우이고, 둘째, 물주(物主)가 선박이나 선인을 임차(賃借), 고용(雇傭)하여 상품 유통을 담당하는 경우이다.

첫 번째 경우는 영세(零細) 소자본(小資本)과 선인(船人)들이 결합하여 이루어지는 영세 소상인의 영업으로 다시 네 가지로 분류된다.

1) 선상(船商)이 선주(船主)를 겸하면서 자신이 소유한 여러 상품을 사공이나 격군들에게 나누어 주어 행상하는 경우.

2) 선상(船商)들 간의 동등한 자격으로 동업자의 지위를 갖고 상업 활동에 참여하는 경우.

3) 선상이 선인을 겸하는 형태 중에는 자신이 직접 어물을 포획하면서 어물 판매에 종사하는 어물선상의 경우와 어채선(漁採船)에서 어물을 구입하여 어물을 판매하는 경우.

4) 선상들이 타인의 선박을 임차하여 선상 활동에 참여하는 경우이다.

이상에서 본 것처럼 선상(船商)의 경영은 다양했다. 대부분의 경우는 선상이 선주를 겸하고, 사공과 격군을 고용하여 상품 유통을 담당하는 것이었다. 18세기 후반 이후 선박을 이용한 상품 유통이 활발해지면서 점차 선주(船主)와 선상(船商)의 분리가 나타나고, 나아가 상업자본주와 선인들의 분리가 이루어져 영세 상인들이 주축이던 선상들은 대규모 자본을 동원하면서 전국을 무대로 활약하는 상업 자본가에 의해 점차 대치된 것으로 보인다.

3. 경강상인(京江商人)과 지방상인(地方商人)의 성장

1) 경강(京江) 상업 지역의 확대

경강은 상업 지역으로 발달하기 전에 세곡(稅穀) 운송, 진도(津渡), 어로활동(漁撈活動) 등의 기능을 주로 하였다. 그러므로 17세기 후반 이전에는 세곡이 하역되는 용산과 마포 지역은 주로 세곡 주인과 각 창감(倉監)들이 관할하였고, 경강의 각 나루터는 각 군문(軍門)에 소속되어 관리되었다. 그리고 경강의 어촌(漁村)은 균역법 이전에는 의정부(議政府), 충훈부(忠勳府), 기로소(耆老所) 등의 부서 등에 세금을 바쳤다. 이후 18세기 경강의 상업 발달로 인하여 나타나는 변화 중 제일 먼저 감지할 수 있는 변화는 경강의 상업 지역의 확대 현상이다. 경강은 주요 중심지를 근거로 하여 18세기 이전에는 삼강(三江)으로 불렸지만, 중엽에는 오강(五江)으로, 후반에는 팔강(八江)으로 불렸다. 삼강은 한강(漢江), 용산강(龍山江), 서강(西江)을 지칭하는 말로, 남산 남쪽 일대에서 노량(露梁)까지를 한강, 그 서쪽에서 마포까지를 용산강, 마포 서쪽에서 양화나루까지를 서강으로 합하여 부르는 말이었다. 삼강은 명실상부한 경강 수운의 중심지로서 조세곡 운송의 거점이었음과 더불어 서울과 다른 지역을 연결하는 중요한 교통로였다. 또한 오강(五江)의 위치에 대해서는 연구자마다 추정을 달리하고 있지만, 양화진·서강·마포·동작진·한강이라고 하는 설이 많다. 마지막으로 팔강(八江) 역시 구체적인 지명을 나타내는 기록은 보이지 않는다. 다만 팔강은 8개의 특정 선촌(船村)을 지칭한다기보다는 대체로 경강변 상업 취락이 몰려 있는 8개의 지역을 의미한다고 보인다.

이와 같은 경강의 명칭 변화는 경강의 상업 중심지가 점차적으로 확대되고 있음을 확인해 준다. 즉 전통적으로 한강이 세곡(稅穀) 집하(集荷) 기능이 중심이었던 시대에 가장 일찍 발전했던 한강·용산강·서강을 중심으로 하여 삼강(三江)이라는 명칭이 사용되었다. 그러나 18세기 중엽 이후 서울이 상업 도시로 발전하고 이에 따라 경강변에 인구가 증가하면서 경강이 새로운 상업 중심지로 변화하였고, 이 과정에서 세곡 집하와 진도(津渡) 기능을 하는 용산강·서강보다도 상품 유통의 중심지로 마포가 성장하였다. 또한 망원·합정 지역도 상업 중심지로 발달하여 오강으로 명칭이 변했던 것이다. 그리고 18세기 후반에는 경강 포구의 상업이 한층 더 발전하여 상업 중심지가 8곳으로 늘어나면서 명칭 또한 팔강(八江)으로 바뀐 것이었다.

2) 경강상인(京江商人)의 성장과 자본 축적 과정

조선 초기 한양은 우리나라 최대의 인구가 밀집한 소비도시였고, 도시의 생활 물품을 담당하는 것은 시전의 몫이었다. 뿐만 아니라 시전은 정부가 필요로 하는 물품을 공급하거나 국가의 잉여품(剩餘品)을 처분하는 기구로서의 기능도 수행하였다.

태종은 1394년 10월 천도 후 종묘와 궁궐, 관사, 시전 등을 건설하면서 새로운 왕도(王都)로서 한양의 도시 정비사업을 실시하였다. 물론 이때 건축된 시전은 당시 개경의 시전과 같은 상설점포로서 행랑을 갖춘 형태는 아니었다. 그래서 이를 대신한 것이 일시적으로 낮에 서는 장[日中爲市]인 항시(港市)였다. 항시는 후대의 전통장과 흡사한 교환 장소로 가장 큰 규모는 오늘날 종로2가 탑골공원 주변 대로인 청운교(靑雲橋) 종루(鐘樓) 서쪽에 있는 대시(大市)였다.

이후 재천도의 과정을 거치며 정부는 태종 5년[1405년] 10월, 개경 시전의 개시를 금지하고, 부상대고(富商大賈)를 비롯한 시전 상인을 강제로 신도로 이주시켰다. 이를 기반으로 한양 시전의 조성을 꾀한 것이었다. 그리고 모두가 시전의 상가용 건물로 사용된 것은 아니었지만, 총 2027칸의 행랑을 건설 정비하였다. 시전의 상가가 배치된 시전 구역은 오늘날 종로 1~3가와 남대문로 1가 일대였다. 국초에 큰 시장이 열렸던 가로(街路)를 동서로 확대시켜 그 좌우에 관설 행랑을 배치함으로써 이것을 시전 구역으로 삼았다.

또한 태종 10년 2월, 시전을 판매 물종별로 구역을 획정하고, 도성의 백성들이 조석의 일용품을 교환하게끔 하였다. 시전의 난잡을 막기 위한 업종별 분리의 원칙은 이후 시전금령(市廛禁令)의 일환으로 재확인되기도 하였다.

정부는 무본억말(務本抑末)의 상업이념에 의거하여 도성에 시전을 조성하고 운영하였다. 관허상업인 시전을 통해 도성 내의 교환 과정을 통제·관리하면서 도시민의 일상 수요를 조달하고, 아울러 국가의 수요물을 마련하려는 목적을 가지고 있었다. 이에 국가가 건설한 공랑(公廊)에서 영업하는 시전상인들은 그에 상응하는 의무를 가졌다. 상세(商稅), 책판(責辦), 잡역(雜役) 등이 그것이다. 상세는 행랑의 임대료나 영업세를 의미하고,[12] 책판은 국가 수요물, 구체적으로는 왕실이나 관아의 수요물을 공급하거나 외국 사신에 대한 지대(支待)를 포함하는 것이며, 잡역은 국장(國葬)이나 산릉(山陵) 조성 공사에 동원되는 것을 말한다.

반면 그들은 다음의 특권을 가졌다. 우선 시역(市役)을 부담하던 관허상인으로서 시전인은 도성 내의 상품 유통을 독점하였다.

---

12) "태종 15년 상세 규정이 재정비되면서 관설행랑에서 영업하던 시전인들은 우선 행랑에 대한 임대료 명목으로 연간 楮貨 2장을, 여기에 그들의 영업 형태에 따라 工商은 매월 1~3장, 坐賈는 매월 1장의 저화를 추가 부담하였다. 이후 세종대에 동전 유통이 추진되면서 세종7년 8월에 錢文으로 환산하여 재정비하였다. 이때는 저화 1장을 錢 40文의 비율로 환산하였다." <박평식, 「조선 초기 시전의 성립과 禁亂 문제」, 『한국사연구』 93집, 한국사연구회, 1996.>

둘째, 정부가 방출하는 진휼·상평·화매미(和賣米)를 매집할 권리를 가졌다. 이러한 권리는 심지어 양계 지방 부방 군사들에게 지급하던 녹봉에까지 미쳤다. 시역의 일환이던 정부수요의 조달 의무 역시 급가가 제대로 이루어질 경우 막대한 이익을 보장하던 거래였다. 셋째, 국고 잉여물로 처분되던 미곡이나 공물의 화매 대상 역시 그들이 독점하였다. 공물의 방납(防納)·경중무납(京中貿納) 과정에서도 적지 않은 이윤이 창출되었다. 이 모든 경제적 특권은 시전상인을 조선중기까지 상업 활동의 주역으로서 자리매김하게 하였다.

시전은 육의전(六矣廛), 시전(市廛), 신전(新廛)으로 나눌 수 있다. 육의전은 정부의 수요에 따라 칠의전 내지 구의전이 되기도 하였는데, 입전(立廛)·면포전(綿布廛)·면주전(綿紬廛)·포전(布廛)·저전(紵廛)·지전(紙廛) 등 당시 경제적·사회적으로 확고한 위치를 차지한 6종류의 전을 말한다. 육의전은 대동법 실시의 논의가 일어난 선조 말에서 인조에 걸친 시기에 형성되었다고 추정된다. 육의전은 시전의 대표로서 1791년 신해통공 이후에도 금난전권(禁亂廛權)을 행사하였다. 이 외에도 육의전에 들지 못하던 일반 시전과 채소, 기름, 젓갈 등의 소소물산을 취급하며 설립한 신전이 있다. 이 세 종류의 시전은 평시서(平市署)와 한성부에 비치된 시안(市案) 혹은 전안(廛案)에 자기의 전매물종을 기입하여 전매권을 행사하였다. 18세기 초부터 각 시전별 전안물종을 확연히 구분하기 시작함으로써 그들의 금난전권은 힘을 얻게 되었다.[13]

난전은 시장을 어지럽히는 상행위라는 의미로, 시전의 전안물 종(廛案物種)을 침범하는 상업 현상을 말한다. 언급했듯이 각 시 전은 모두 시안(市案), 혹은 전안(廛案)에 등록된 물종만을 배타적 으로 취급할 수 있는 전매권(專賣權)을 가지고 있었다. 만일 어떤 시전의 전매상품을 일반상인이 팔게 되면 그것은 난전이 되는 것 이며, 비록 시전이라 할지라도 다른 시전의 전안물종을 취급하게 되면 난전이 된다. 즉 시전 안에서건 밖에서건 시전체제를 문란 하게 하는 상행위를 하면 난전이라 할 수 있다. 난전은 서울의 급속한 도시화 과정과 맞물려 지속적인 발전을 거듭하였다. 이 시기 살필 수 있는 난전의 유형은 다음과 같다.

첫째, 소상품 생산자나 소상인에 의한 난전이다. 서울 근교에 있던 독립자영 수공업자나 상업적 농업에 종사하는 농민 등에 의 해 이루어졌다. 서울 근교 농민들은 자급자족이 아니라 시장에서 의 판매를 위해 생산에 나섰다. 자연 직접 시장에 나가 판매하거 나 소상인이 유통의 일부를 담당하였다. 이러한 생산품 유통이 농촌의 경우에는 장시(場市)라는 형태로 전개되었으나, 서울의 경 우는 이미 봉쇄적인 시전 체제가 있었기 때문에 난전이라는 형태 를 띠게 된 것이다. 17세기 후반~18세기 전반의 기록에 자주 보

---

13) "선초 정부의 시전 금난은 아직 동일 물종의 시전상인을 보호하기 위해 난전상인을 규제하는 금난이 아니었다. 시전상인의 사기행위를 금지하여 시전 내의 상거래 질서를 확립하는 차원에서 진행되었다. 난전이 아닌 시전상인의 불법적인 상행위 금단에 초점이 맞추어져 있었다." <김영호, 「조선후기에 있어서의 도시상업의 새로운 전개」, 『한국사연구2집』, 한국사연구회, 1969.>

이는 난전은 대부분 이 경우에 해당한다. 이들은 주로 서울의 동부 이현시장에서 난전 성시를 이루었다고 한다.

둘째, 사상도고(私商都賈)에 의한 난전이다. 이는 난전의 가장 지배적인 형태로 사료 속에서는 사상도고라는 말보다는 사상(私商), 부상(富商), 도고(都賈)라고도 하였다. 도고란 독점행위와 독점체를 총칭하는 말이다. 이 사상도고의 난전 활동은 다양한 방법을 통해 전개되었다. 우선 지방상인이나 소상인 및 소상품 생산자가 서울에서 팔려고 가져오는 상품을 중간에서 도집(都執)하여 난전활동을 하는 경우로 선매(先買)이다. 또한 사상도고들이 지방의 생산지나 농촌 시장에 직접 가거나 거간(居間)을 통하여 현지의 상품을 향집(鄕執)하여 서울로 가져와서 난전을 하는 경우이다. 또한 사상도고들은 서울에서 직접 난전 활동을 하지 않고 각 상품의 산지에서 완전 매점함으로써 시전에 큰 타격을 주는 경우도 있었다.

당시 사상도고 중 가장 규모가 크고 역사가 오랜 것은 한강을 무대로 활동하던 강상(江商), 즉 경강상인들이었다. 그들은 세미(稅米)의 조운(漕運)을 하기도 했으나 주 수입원을 미곡도가(米穀都賈)를 통해 얻었다. 수원 방면에서 서울로 올라오는 미곡 상품을 선매하기도 했으나, 삼남 지방을 비롯한 미곡의 생산지에 가서 현지 시장에서 출품되는 미곡을 광범위하게 구입하여 서울로 운반하여 서울의 백성들에게 독점 공급하였다. 물론 그 과정에서 미가[穀價]를 마음대로 조작하고 미곡 시전체제를 붕괴시켜 나갔다.

셋째, 시전인(市廛人) 상호간의 난전이다. 영업의 자유와 등가 교환의 경제적 필연성은 시전에 대항하는 난전의 형태로 나타났다. 이 필연성은 시전 안에서도 부분적으로 관철되어 시전인 상호간의 난전이 일어나게 된 것이다.

이 중 난전의 원래 형태는 농민과 수공업자에 의한 소상품의 생산과 유통에서 출발하였다. 서울이나 근교의 독립 자영 수공업자나 공예작물에 대한 상업적 농업을 하는 농민들이 자기의 생산물을 시전에 팔지 않고 직접 판매하거나 혹은 시전의 길드적 규제 속에 있던 수공업자들이 스스로 독립 상품 생산자로 전화하여 직접 시장에 접하게 되면서 난전이 발생하게 된 것이다.

그러나 시전은 이러한 소상품의 생산 유통을 가로막고, 직접 생산자를 길드적 규제 속에 감금시켜 그 자유로운 발전을 저지시키고, 봉건적·지주적 생산조직과 유통기구에 기생하고 있다는 점에서 시전의 생산적 기초는 지주적 상품 생산의 경향을 띤다. 그런 점에서 시전은 영업의 자유를 요구하는 소상품 생산자가 상인으로 진출하는 것을 막고자 하였다. 자연 난전은 시전체제로부터 매우 치열한 탄압과 수탈을 받으면서도 끊임없이 발전하였고, 또 정권 내의 일부 진보적 인사들이 이를 옹호하게 되었다. 그리고 무엇보다 상품 유통의 독점으로 인한 백성들의 고충은 난전상인의 손을 들어줄 수밖에 없었다. 다음의 채제공의 말은 그러한 사실을 잘 말해 주고 있다.

좌의정 채제공이 아뢰기를, "도성에 사는 백성의 고통으로 말한다면 도거리 장사가 가장 심합니다. 우리나라의 난전(亂廛)을 금하는 법은 오로지 육전이 위로 나라의 일에 수응하고 그들로 하여금 이익을 독차지하게 하자는 것입니다. 그런데 요즈음 빈둥거리며 노는 무뢰배들이 삼삼오오 떼를 지어 스스로 가게 이름을 붙여 놓고 사람들의 일용품에 관계되는 것들을 제각기 멋대로 전부 주관을 합니다. 크게는 말이나 배에 실은 물건부터 작게는 머리에 이고 손에 든 물건까지 길목에서 사람을 기다렸다가 싼값으로 억지로 사는데, 만약 물건 주인이 듣지를 않으면 곧 난전이라 부르면서 결박하여 형조와 한성부에 잡아넣습니다. 이 때문에 물건을 가진 사람들이 간혹 본전도 되지 않는 값에 어쩔 수 없이 눈물을 흘리며 팔아 버리게 됩니다. 이에 제각기 가게를 벌여 놓고 배나 되는 값을 받는데, 평민들이 사지 않으면 그만이지만 만약 부득이 사지 않을 수 없는 경우에 처한 사람은 그 가게를 버리고서는 다른 곳에서 물건을 살 수가 없습니다. 이 때문에 그 값이 나날이 올라 물건값이 비싸기가 신이 젊었을 때에 비해 3배 또는 5배나 됩니다. 근래에 이르러서는 심지어 채소나 옹기까지도 가게 이름이 있어서 사사로이 서로 물건을 팔고 살 수가 없으므로 백성들이 음식을 만들 때 소금이 없거나 곤궁한 선비가 조상의 제사를 지내지 못하는 일까지 자주 있습니다. 이와 같은 모든 도거리 장사를 금지한다면 그러한 폐단이 종지될 것이지만 입을 다물고 있는 것은 단지 원성이 자신에게 돌아올까 겁내는 것에 지나지 않습니다.[14]

---

14) 『정조실록』 권32, 15년 1월 경자조.

결국 정부는 조금씩 난전에 대한 탄압 정책을 완화하게 되었고, 이는 난전의 합법화로 이어졌다.[15]

그러나 난전의 합법화는 소생산자 향상 및 도고 기타 상인들 중에서 가장 규모가 큰 사상도고(私商都賈)가 현저하게 진출하는 결정적 계기를 만들어 주었다. 그리하여 경제 유통의 중심이 시전-난전이 아니라 소생산자 중소상인 및 소비자-사상도고로 바뀌게 되었다. 이는 19세기에 이르러 일반 사상도고(私商都賈)에 의한 초기독점의 전개와 여기에 대한 생산자 소상인 및 소비자의 반독점운동으로 나타났다.

3) 조운(漕運) 제도와 사선(私船) 임운(賃運) 활동

한강의 경제적 중요성 중 가장 주목되는 부분은 조운(漕運)에 있었다. 국가 경제의 주된 기반이었던 전국의 세곡(稅穀)이 조운을 통해 집결되었기 때문이다.[16] 그러기에 조운은 국가 기반의

---

15) 난전의 합법화에서 가장 의미 있는 사건은 1791년 蔡濟恭에 의해 발의된 辛亥通共이다. 그 내용은 육의전을 제외한 일체의 시전으로부터 금난전의 특권을 배제하고 通共發賣하기로 한 것이다. 이후 완전한 자유 영업은 1894년 갑오개혁을 통해 이루어졌다.

16) "大川으로 말하면, 漢江은 그 근원이 강원도 五臺山으로부터 나와 寧越郡 서쪽에 이르러 여러 내를 합하여 加斤同津이 되고, 충청도 忠州의 淵遷을 지나서 한결같이 서쪽으로 흘러 驪興을 지나 驪江이 되고, 川寧에서 梨浦가 되며, 楊根에서 大灘이 되고, 또 蛇浦와 龍津이 되었으며, (한 줄기는) 麟蹄縣이 伊布所로부터 나와 春川에 이르러 昭陽江이 되고, 남쪽으로 흘러 加平縣 동쪽에서 按板灘이 되고, 楊根 북

44

확립을 위해서도 가장 중요한 국사(國事)의 하나였다. 위정자들이 법전에 조운문제에 대한 상세한 지침을 나열하며 관심을 표명한 것도 그 좋은 예이다.

중앙집권 국가인 조선은 국가의 운영을 위하여 각 지역의 군현에서 조세로 징수한 미곡이나 포목 등을 선박으로 운송하기 위한 제도로서 조운제도를 시행하였다. 이때 수취한 세곡을 일시적으로 집적하였다가 일정한 시기에 조선(漕船)에 실어 중앙의 경창(京倉)으로 수송하기 위하여 인근 수로연변(水路沿邊) 또는 연해안 요충지에 조창(漕倉)을 설치하였다. 이때 해상 수송을 맡은 조창을 해운창(海運倉)·해창(海倉)이라고 하고, 강상수송(江上輸送)을 맡은 조창을 수운창(水運倉)·수참(水站)이라고 하였다. 조운제도에서 바닷길을 이용한 해운의 경우, 곡식의 적재량이 수운보다 많으나 침몰 또는 해적으로부터 탈취되는 위험성이 높은 단점이 있다. 반면 강을 통한 수운은 시일이 단축되고 위험성이 적지만 수량(水量)이 많아야 배를 띄울 수 있는 단점을 가지고 있었다. 그런 점에서 한강의 경우 세곡 운송의 중요한 수송로로 일찍이 자리할 수 있었다.

쪽에서 立石津이 되며, 또 (양근) 남쪽에서 龍津渡가 되고, 蛇浦로 들어가서 두 물이 합하여 흘러 광주(廣州) 경계에 이르러서 도미진(渡迷津)이 되고, <다음에> 광나루[廣津]가 되었으며, 서울 남쪽에 이르러 한강도(漢江渡)가 되고, 서쪽에서 노도진(露渡津)이 되며, 서쪽에서 용산강(龍山江)이 되었는데, 경상·충청·강원도 및 경기 상류(上流)에서 배로 실어 온 곡식이 모두 이곳을 거치어 서울에 다다른다.
<『세종실록지리지』권148, 경기조.>

조선 전기의 조운제도는 관선(官船) 위주의 부역제(賦役制)였다. 즉 선군(船軍)을 입역(入役)시켜 세곡을 운반하였다. 이러한 조운 체제는 조선 후기의 사회 변동과 관련하여 붕괴되었고, 고립제(雇立制)·임선제(賃船制) 등의 임금 노동으로 변한 사선, 특히 경강 상인에 의한 조운이 더욱 확대되었다.[17) 조운 제도에서 경강상인에 의한 사선의 임운 활동은 여러 가지 유리한 점이 있었다.

첫째, 정부에서는 조운 제도를 지속적으로 실시할 조운선(漕運船)의 확보가 어려웠다. 실제로 전라감사가 조선(漕船) 29척을 더 건조하여 조운 제도에 의한 세곡 운반제를 강화할 것을 건의한 적이 있었다. 이에 정조는 조선(漕船) 29척을 건조하는 데 필요한 300주의 목재와 정기적으로 그것을 보수하는 데 사용되는 목재의 확보가 어렵고, 도성번폐(都城藩蔽)인 경강민의 생계가 위협받게 되며, 곡물운반이 끊어져 경중(京中) 사대부의 장곡(庄穀)을 운반할 길이 없어진다는 등의 이유를 들어 거부하기도 하였다.[18)

둘째, 사선을 이용할 경우 정부 측에 경제적인 이익이 되었다. 이런 사정은 1788년[정조12년] 우통례 우정규가 건의한 영남조선 변통지책(嶺南漕船變通之策)을 보면 명확해진다. 그는 세곡 운반을 경강상인에게 위임하는 경우, 선박 10척을 1대로 삼아 사고와 부정을 공동으로 책임지게 하는 작대법(作隊法)의 실시를 주장하였다. 작대법이 실시되면 침몰과 부정의 방지, 조운업 발달로 인

---

17) 실제로는 태조 때부터 조운에 사선이 이용되었으며, 태종 때에는 전라도 세곡의 30%가 사선으로 운반되었다고 한다.

18) 『일성록』 정조 5년 8월 10일조; 9월 29일조.

한 경강민의 이득 창출, 운임곡(運賃穀)의 서울 시장 방출로 인한 곡가의 조절, 조선용 목재의 절약, 조군(漕軍)의 귀농, 정부소유 조선의 병선으로 전용하는 일이 줄어듦으로써 수군이 강화되는 등 각종 비용이 절약됨을 역설하였다.

셋째, 경강상인의 상인으로서의 위치와 대정부 관계가 확고했다.

넷째, 경강상인의 세곡 운반을 폐업할 경우 서울에 거주하는 지주들의 소작료를 운반할 길이 끊어진다.

다섯째, 경강상인이 가진 우수한 조선술(操船術)과 구비된 운송 기구 때문이다. 해운 시설이 일반적으로 미비하였던 당시 200·300석~1000석을 실을 수 있는 선박을 정박시킬 수 있는 시설을 갖추기란 어려운 일이었다. 상대적으로 전업적(專業的)인 운수업 자였던 경강상인은 운반 장비는 물론 기술에서도 앞서 운수 조건이 나쁜 지역의 세곡 운반도 능히 청부할 수 있었다.

결국 이러한 이유 등으로 경강상인은 세곡 운반을 독점하게 되었다. 그리고 그 독점을 통해 집적된 자본은 그들이 조선 후기 상업계의 중심에 서게 되는 결정적 밑거름이 되었다.

4) 객주(客主) · 여각(旅閣) 조직의 발전

서울은 세곡 및 재경(在京) 지주층의 소작곡의 운송을 비롯하여 전국 최고의 생활필수품 소비지였다. 자연 상업도시적 성격이 강화되면서 이를 바탕으로 경강상인 및 객주가 등장하였다. 그들은 경강연변으로 들어오는 향상(鄕商)을 상대로 상품 유통을 중개하였다. 이들의 상업 활동은 단적으로 주인권이라는 용어 속에 담겨 있다고 할 수 있다. 주인권은 경강으로 들어오는 향상에 대한 상품 유통의 독점적 중개권을 말한다. 즉 경강으로 들어오는 향상은 반드시 해당 주인의 중개를 통해서 상품을 판매해야 한다는 것이다. 물론 주인권은 17세기 중엽부터 있어 왔던 유통 과정상의 일종의 규례(規例)이기도 했지만, 그것이 확정적인 권리를 행사하는 것은 19세기에 들어와서였다.

객주 · 여각은 일반적으로 객상(客商)의 주인, 상여(商旅)의 여숙(旅宿)을 의미한다. 이 중 객주는 상화(商貨)를 거간알선(居間斡旋)하여 주고 그 구문을 받는 물화교역의 중간알선업자[19]이며, 여각은 상여(商旅)가 모여드는 포구와 같은 곳에 설립되어 흔히 강주인(江主人) 혹은 여각주인(旅閣主人)이라고도 한다. 즉 객주나 여각은 물화 집산지인 읍이나 포구에 자리 잡고 교역의 중간 알선업에 종사할 뿐만 아니라 그 밖의 광범한 업무에 종사하는 공통점을 가진다. 한편에서는 객주와 여각을 취급 물품에 따라서

---

19) "客主者 馹僧貨物 偏覘口文者也" <『統記』 제22책, 고종 26년 11월 16일조.>

구분하기도 하지만 대체로 직능에 있어서는 공감하고 있는 부분
이 많다.[20)]

그들의 주요한 업무는 짐을 부리거나 파는 일을 하는 사매업
(卸賣業)으로서 각 지방의 소생산자들의 생산물 중의 잉여물 및
소작료[現物地代(현물지대)]・조세(租稅)・공물(貢物) 등을 수집하
여 이를 소매상인에게 사매(卸賣)하고, 한편 다른 사람의 위탁을
받아 수탁상품(受託商品)을 매매하여 구문을 얻는 것이었다.

이 외에도 사매업(卸賣業)에 따르는 여러 가지 업무, 즉 창고업
과 같은 상품 위탁 관리 업무와 위탁 판매, 상품의 운송 등을 수
행하는 한편, 금융기관이나 여숙(旅宿)이 발달되지 않은 당시 객
상(客商)・여숙(商旅)에게 숙박의 편의나 금융을 제공하였다. 이때
의 금융업이란 하주(荷主) 또는 매주(買主)에 대하여 돈을 꾸어
주는 대금입체(代金立替)나 자금제공・어음인 수형(手形)의 발행
및 그 할인 등 업무를 통하여 다른 지역 상인 간의 금융재화의
결제를 대행하거나, 민가(民家)・세가(勢家)의 화폐를 보관하여 그
이식(利殖)을 꾀하는 일종의 예금 업무도 하였다. 물론 객주가 행
한 금융업은 특정한 고객이나 관부와의 신용관계에 의존되어 있

---

20) "그 직능의 기본적 의의는 다르지 않다. 그 취급상품과 설비에 따라
서 조금 차이가 있다. 즉 객주는 금은・직물・종이・약・花筵・부
채・명태포・양계・가죽류 등이고, 이는 여각의 상품인 곡물・소가
죽・果物・魚類・연초・소금 등의 용적중량이 큰 것에 비하면 輕便
한 화물이다. 따라서 여각은 흔히 수운의 편이 좋은 땅을 가려 광대
한 창고를 갖추고 또 우마를 머물게 할 수 있는 설비를 갖추고 있
다." <한우근, 『한국개항기의 상업연구』, 일조각, 1993, 173쪽・174쪽.>

어서 대량적인 상품생산의 경제에는 적합하지 않았으며, 봉쇄적
(封鎖的)인 금융 기관에 불과한 것이었다.

객주의 등장은 시장 경제의 발전과 궤를 같이 한다. 특히 18·
9세기는 생산력의 발전에 기초하여 봉건사회의 여러 모순이 표면
화되는 시기이자 다양한 형태로 사회 경제상의 여러 변동이 격화
되어 가고 있던 시기였다. 그런데 당시의 생산력은 농업에 가장
큰 비중이 주어져 있었다. 그중에서도 특히 농업생산의 지역적
전업화(專業化)였다. 그 결과 지역 간의 교환형태, 즉 원격지 교
역의 양적 확대가 이루어졌다. 이것은 이 시기 국내 시장이 발달
할 수 있었던 주요한 기반이었다.

객주의 성장·발전 및 상품유통 지배를 위한 객관적 조건은 여
기에 기인한다. 그것은 당시의 객주가 원격지 교역을 중개하는 중
간상인의 성격을 띠고 출발하였다는 사실과도 일치한다. 이 시기
출현한 큰 시장, 특히 경강(京江) 나루의 발전과 남한강, 북한강
등지 나루의 양적 증가는 객주의 등장에 결정적인 영향을 끼쳤다.

경강 나루의 경우, 상품 유통량의 증가 추세와 더불어 객주의
역할이 강화되었고, 18세기를 경과하면서 나루의 지배권이 시전
상인으로부터 사상도고인 객주에게로 옮겨가게 되었다. 이는 나
루가 군사적 내지 조창(漕倉)으로서의 기능을 넘어서 교역 중심
지로 변화해 갔음을 의미한다. 즉 상품 유통의 성격이 대규모
적·집산적·규칙적인 것으로 변화해 가면서 상품의 수집을 전문
으로 하는 객주의 출현이 요청되었다.

또한 생산의 성격 변화도 객주의 등장을 부추겼다. 종래의 자

급자족적 생산 형태가 해체되고 교환가치를 목적으로 한 새로운 생산 형태로 이행되면서 상품생산의 확대가 진행되었다. 이 같은 상품 생산의 기초를 이루는 것은 지대와 농민의 잉여생산물이었다. 즉 생산물의 유통에 있어서 이전부터 존속해 왔던 조세(租稅)의 비중이 상대적으로 약화되는 반면, 사곡(私穀)이나 어염(魚鹽)과 같이 지대 내지는 농민의 잉여생산물의 상품화가 꾸준히 증대하였다. 이러한 추세에 맞추어 여객주인인 객주는 상품 유통과정에 적극적으로 개입함으로써 전문적 상인으로의 전화해 갔다.

객주가 시전상인에 비해 급속히 성장할 수 있었던 원인은 여러 측면에서 발견된다.

첫째, 객주는 시장 정보의 유리한 거점을 확보하고 있었다. 원격지의 상인은 교통수단이 발달하지 못한 까닭으로 거래지의 시장 정보에 충분히 밝지 못하였다. 때문에 상품거래를 거래지의 객주에게 의존할 수밖에 없었다. 여기에 객주에 의한 유통 지배의 가능성이 내재되어 있다.

둘째, 시장이 충분히 발달하지 못하고, 판매와 구매가 시간적으로 일치하지 않았던 상황 아래서 객주는 단순한 중개 상인에 그치지 않았다. 객주는 상품의 집산지에 위치하면서 화물의 보관 시설로서 창고와 같은 설비를 갖추고, 객상(客商)을 위한 여숙업(旅宿業)을 겸하였다. 당시 창고는 극심한 가격 변동을 이용한 중간 이윤을 창출하는 중요한 수단이자 물가 등귀의 원인이 되기도 하였다.

셋째, 일반적인 행상(行商)과 선상(船商)들은 자본 축적에 있어

미숙하였다. 반면 객주는 자신의 화폐는 물론 양반, 관, 지주 등 타인의 자본까지도 끌어다가 자신의 목적에 이용할 만큼 뛰어난 자금 동원력을 가지고 있었다.[21] 객주의 고리대 활동이 그 증거이다.

넷째, 여전히 위력을 떨치던 봉건 지배층과의 인적·경제적 관계이다. 특히 개항기에 이르면 객주는 봉건적 경제 체계의 특수한 성격과 인적 관계를 주 매개로 한 상관습(商慣習)과 결부되어 단순한 상인 이상의 모습을 띠게 되었다. 경제력을 바탕으로 권력층과 결탁함으로써 스스로 수세청부(收稅請負)의 기능을 겸하여 부세(負稅)의 중압감에서 탈피하고자 하였으며, 이를 자본축적 및 상품유통 지배의 중요한 수단으로 이용하기도 했다.

이후 객주층은 상품거래 중개인이 아니라 상업자본을 운영하는 도매상으로 발전하였다. 취급 상품의 전문화로 물종객주(物種客主)가 출현하고, 무역업(貿易業)에도 손을 대었다. 원래 객주의 명칭은 인적, 물적 유대로서 붙여지는 것이 보통이다. 예를 들어 취급 물화가 특정되는 경우, 비목주인·목화여각주인·어유상주인·목화도려각 등으로 불렸고, 지역에 따라 여주객주·충주객주 등으로도 불렸다. 경강상인을 위시한 사상도고(私商都賈)나 자본집적에 뛰어난 수완을 가진 선상(船商)이 객주를 겸하거나, 객주가 사

---

21) "개항 이전의 객주금융에 대해서는 자세한 것을 알 수는 없으나 한
    말의 관행조사에 따르면 객주는 대부 이외에 수신업무도 맡고 있었
    음을 알 수 있다. 예탁자는 주로 양반이었다." <홍순권, 「개항기 객주
    의 유통지배에 관한 연구」, 『한국학보』 39집, 2000, 88쪽 재인용.>

상도고로 발전하는 경우가 흔했기 때문에 이들은 모두 같은 상업 주체로서 인식되어도 무방하다고 볼 수 있다. 다만 그들의 형성 배경에서 약간의 차이가 있을 뿐이다.

개항기의 객주로 성장한 경강주인의 모습은 향상에 대한 중개 자가 아니라 지방의 각 읍을 분할하여 그 전 지역에 대한 주인권 을 가지는 형태였다. 다음의 예에서 그 상황을 살필 수 있다.

〈표1〉[22]

지 역	주인권
西 江	군산주인, 京旅閣.
玄 湖	강화주인, 해주주인, 연안주인, 김포주인, 고양주인, 연도주인, 교하주인, 경려각.
土亭里	수원주인, 제주주인, 연천주인, 경려각.
東 湖	평양주인, 영광주인, 말탄주인, 백천주인, 경려각.
三 湖	안산주인, 남양주인, 강화영주인, 통진주인, 풍덕주인, 부평주인, 장탄주인, 적성주인, 창릉주인, 덕적주인, 경려각.
龍 湖	경려각.
沙村里	경려각.

경강주인[객주]과 향상(鄕商) 사이의 주인권 발생은 영구적 관 계였다. 또한 주인권은 그 자체로 독자적인 권리로서 매매 · 상속 이 가능하였다. 경강주인권은 향상과 주인 간의 사적 관계를 통 해 고정주인이 되고자 하는 자가 몇몇 소수의 향상에 대해 일정

___

22) 규 19307. <이병천, 「조선후기 상품유통과 여각주인」, 『경제사학』 6집, 1983, 105쪽 재인용.>

한 대가를 주고 매득한 경제적 권리이기 때문이다.

그러면 주인이 경제적 대가를 지불하고 주인권을 매득하는 이유는 무엇일까? 그것은 주인이 구문(口文) 수입을 항상적으로 취득할 수 있기 때문이다. 실제 구문 수입은 10%가 보편적[十一口文 旣有不易之規]이었을 것 같다. 물론 구문액의 결정은 여각·주인 간의 오랜 거래관계를 통해 고정화되어 갔을 것이다.

그런데 향상은 왜 주인을 정함으로써 일정한 구속을 받게 되고, 또한 자신의 항상적인 구문수입을 양도하였을까? 결론은 돈이 필요해서인데, 다음의 경우로 유형을 나눌 수 있다. 즉 관방(宮房)이나 세도가의 하수[노비] 무리들이 향상으로 하여금 강제로 자매허속(自賣許屬)하게 한 경우, 선상(船商)의 선박 구입 자금을 차용했다 갚지 못한 경우, 상품 유통과는 무관하게 선상이 가진 일반적인 부채의 대가인 경우가 있으며, 마지막으로 선상의 세곡[대동미] 상납 결축분을 주인이 보존해 주는 계기를 통한 경우가 있었다.

그러면 주인권을 방매함으로써 향상이 얻게 되는 돈은 얼마나 되었을까? 주인권 매매의 가격은 여각인 수, 자매(自賣) 이유에 따라 차등이 있었다. 대략 20~80냥 정도였는데, 그중에서도 40~50냥인 경우가 가장 많았다. 1결은 40두락이고, 1두락은 2.5부로 10냥 정도였으니, 40~50냥은 4~5두락에 해당한다. 당시 25부 미만의 영세빈농이 대다수였던 점을 감안하면 40~50냥은 소상인의 기본적인 상업 자금으로는 충분했으리라 여겨진다.

결국 주인권을 확보한 경강주인은 거래 물량을 속이거나 거래 자체를 본전에 통지하지 않는 등의 방법을 통해 시전의 수세 체제를 무력화시켜 나갔다. 또한 직접 도고나 난전 활동을 전개함으로써 시전의 상권 자체를 위협하였다.

그들은 일반 사상(私商)들이 해당 주인의 중개를 거치지 않고 자유롭게 상업 활동을 하는 것은 주인권에 대한 침해 행위로 간주하였다. 주인권에서 이탈하는 이러한 행위에 대해 주인은 당연히 관에 자신의 주인권을 재확인해 주도록 요청하여 관으로부터 입지(立旨)를 발급받기도 하였다.[23] 19세기 전반은 경강주인이 시전의 수세체계의 속박으로부터 현저히 벗어나 경성 및 그 주변 상권의 주도자로 뚜렷하게 성장한 시기였다.

4. 한강 수운의 쇠퇴

1) 개항기(開港期) 경제 상황과 객주의 몰락

1876년 강화도조약이 체결되면서부터 조선의 문호는 구미제국에 개방되었다. 특히 개항 직후에는 일본의 거의 독점적인 무역

---

23) 규 19300에는 서산경강주인권의 분쟁 사례가 나온다. 지방관에 의한 주인차정문서가 결국은 120년의 내력을 지닌 주인권에 패배하는 경우를 통해 주인권의 성장을 엿볼 수 있다. <이병천, 앞 논문, 120쪽~122쪽.>

활동이 이루어졌다. 이후 조청상민수륙통상장정(朝淸商民水陸通商章程)의 체결과 더불어 청나라 상인들의 침투도 현저해졌다. 그들은 개항장과 서울을 침투 기지로 삼아 조계(租界)의 설치, 치외법권(治外法權), 연해측량(沿海測量), 임자무역(任自貿易) 등 조약 조항을 내세워 개항장이 아닌 나루와 내지 각처로 그들의 경제적 세력을 키워 나갔다. 서울과 개항장을 중심으로 일본과 청나라 상인의 점포 개설이 늘어나자 일본의 은행 지점과 상업회의소 등 다수의 경제 조직과 시전이 들어서게 되었다. 당시 국내의 경제의 주도권을 가지고 있던 경강상인을 위시한 사상도고 내지 객주·여각은 통사(通詞) 무리와 더불어 외국상인에 화응(和應)하였다.

한편 외국 상인의 상권 침투와 행패가 일반적으로 조선인의 대외 감정을 악화시켜서 도처에서 사단이 일어났다. 이에 조선정부도 종래의 상업 체제에 대한 통섭을 도모하고자 하였다. 객주는 개항장으로 몰려들었고, 사상(私商)이 늘어나는 중에 독립된 상호를 가진 상회[상회사(商會社)]나 시전이 등장하였다. 정부는 궁부(宮府)나 관부(官府)의 수요를 조달하는 시전상인이나 공인(貢人)에 대해서는 전통적인 유대관계를 유지하려 했지만, 재정부족으로 인해 공가(貢價) 지급마저 적체되었다. 이에 공인과 시전상인은 난매(亂賣)·난전(亂廛)·밀수출, 외국 상인의 진출, 공가 부족과 연체, 낙본(落本) 등의 이중고에 시달리고 있었다.

정부는 공인과 시전상인에 이어 보부상과 객주[경강상인]에 대해서도 통섭을 꾀하였다. 그 명목은 첫째, 상민(商民)에 대한 보호, 둘째, 세수(稅收)의 확보였다. 그리하여 1883년 혜상공국(惠商

公局)을 설치하였고, 2년 뒤 상리국(商理局)으로 개편하였다.

1889년부터 종래의 객주구문제(客主口文制)를 영업세제(營業稅制)로 바꾸고, 1890년에는 25객주를 지정하고 열읍분장제(列邑分掌制)를 실시하여 개항장에서 객주에 대한 통섭을 도모하였다. 즉 정부는 경강주인의 예를 따라 납세를 각 읍에 균분배정(均分排定)하고 각 25객주를 전관지역주인(專管地域主人)으로 지정하였다.[24] 이는 비교적 자본이 큰 객주들이 중심이 된 일부 객주의 유통 독점화 기도였다. 이 제도가 실시되던 기간 중 객주의 유통 지배권은 그 효력이 이전에 다소 정부의 비호를 받았던 상회사(商會社)에까지 미쳤다. 즉 상회사 역시 매매에 있어서 객주를 통해야 했던 것이다.

정부의 25객주지정 열읍분장제는 외국 상인들의 항의로 인해 6개월여 만에 중단되었다. 그러나 정부는 완전한 철폐가 아니라 열읍분장제는 폐지하고, 영업세는 계속 징수하는 것으로 가닥을 잡았다. 그리고 이를 위해 '객주 상법회사'를 객주도중(客主都中)으로 하여금 설치케 하였다. 이 객주상회사는 관의 통섭을 받는 객주조합의 성격을 가지고 있었다. 그 조직에 있어서도 본사(本社) 사장과 총무는 소관관서(所管官署)의 관리가 맡고, 부회장·부총무는 해당 개항장의 감리(監理)와 경무관(警務官)이 임명되어 사무를 구관(勾管)하고, 회사의 회장·부회장·의원·사무 등 상무(商務)는 객주주인 중에서 선출하였다. 이러한 중에서도 특정

---

24) 『仁川港官草』 제1책, 「己丑十一月初三日仁川客主差帖姓名列錄」.

지역의 객주·여각은 특정 관부나 궁방에 부속시켜서 이에 대한 징세로 관부나 궁부의 경비를 충당시키는 일은 계속되었다.

객주상회사는 그 자체가 상업 활동을 목적으로 한 근대적 의미의 합자회사(合資會社)는 아니었다. 개개의 객주 경영은 그들이 객주상회사에 소속되어 있다 해도 회사 자체와는 분리되어 있었다. 자연 회사는 하나의 상인 조직 이상의 의미를 지닌 것이 아니었다. 그들은 일종의 수세(收稅) 청부 기능까지 맡아 국가 조세 수입 증대의 필요성과 결부되어 상품 유통에 대한 특별한 지배권을 인정받았다. 그러나 대규모 자본을 무기와 새로운 문물로 무장한 외국 상인과의 경쟁은 애당초 출발부터가 난항을 예고하는 것이었다. 그 대표적인 것 중의 하나가 기선(汽船)의 등장이었다.

2) 객주(客主) 몰락의 원인

개항전의 선운(船運)은 조운(漕運)과 선상(船商)에 의해 행해졌다. 연안과 내륙강변의 각 나루를 연결하는 선상이 국내 교역상 선운을 담당해 왔다. 애초부터 해금책(海禁策)에 의해 선박의 원해출항은 금지되어 있었다. 따라서 국내 포구를 연결하는 선박은 조운선이나 상선을 막론하고 판선(板船)으로 운행되고 있었다. 일본은 개항과 더불어 각종 무역을 독점하였다. 그들은 선운(船運)에 있어서도 조선(造船)에 있어서도 독점적인 지위를 차지하였다. 조선은 해로를 통한 해외 무역활동이 없었고, 기선(汽船)도 갖지 못했기 때문에 개항 이후 국내의 포항(浦港) 간의 선운(船運)까지도 외국선박에 압도당할 수밖에 없었다.

물론 조선정부도 기선회사를 설립하여 공미전운(貢米轉運)을 보다 효율적으로 수행하고자 시도하기도 했다. 하지만 기선(汽船)을 이용한 정부 공미전운(貢米轉運)에는 여러 폐단이 수반되었다. 즉 기선의 구입과 유지 경비의 염출(捻出) 문제였다. 1891년 인천 감리에게 보내는 관문에는 정부에서 기선 구입을 위하여 전후에 걸쳐 독일의 세창양행(世昌洋行)으로부터 차관을 얻었으나 이를 상환하지 못하여 원리 합계 125,400여 원의 부채를 삼항관세(三港關稅) 수입 중에서 매월 3천 원씩 상환하도록 한다는 문구가 나온다.[25) 또한 공사를 막론하고 구입한 기선에 수반하여 선장 등 고용 일본인에 대한 과다한 월급을 지급해야만 했으며 매월 운행 경비와 적지 않은 기선 수리비가 필요했다. 이 모든 것을 정부는 각 항의 항세(港稅), 관세(關稅) 수입으로 충당하고자 했다. 그리고 무엇보다도 부산과 인천 사이를 전운하게 된 1척의 기선으로 삼남지방의 세곡은 선운해 낸다는 것은 불가능이었다. 결국 정부는 독일 윤선(輪船)과 일본 기선을 임대하여 세곡운수에 충당케 하였다. 그러나 세곡 운반을 위한 외국선 임용(賃用)에 따라 선가미(船價米)로서 농민의 세미부과(稅米負課)는 가중되었다.

기존의 세곡의 조운을 담당하던 경강상인 역시 기선 구입과 일본 선원 고용을 통해 난관을 돌파하고자 하였다. 하지만 그 역시

---

25) 『仁川港關草』 제4책, 「辛卯六月初八日關仁監」.

수지타산의 면에서 맞지 않아 임금을 체불하는 등 국제적인 분쟁으로까지 발전하는 등 여의치가 않았다.

게다가 공미(貢米)마저 상송(上送)되지 않음으로써 국가 재정은 물론 정부의 공가(貢價)에 많은 부분을 의존하던 경강상인은 큰 타격을 받게 되었다. 정부는 이에 공미(貢米)와 선가(船價)의 독징(督徵)에 더욱 박차를 가하게 되었다. 또한 전운국(轉運局)에서 기선으로 공미(貢米)를 운수하게 되자 종래 공미전운(貢米轉運)에 종사하여 온 선운업자(船運業者)는 실업상태에 이르게 되지 않을 수 없었다. 그리하여 뇌물로서라도 그 전운(轉運)의 일을 부지하려고 하거나 아예 각종 행패에 적극 참여하여 개인적인 사욕을 채우는 등 갖은 노력을 기울였다.[26] 여기다가 외국 기선 고용만으로도 공미전운이 충분하지 못하게 되자 토선(土船)·상선(商船) 등이 강제 징발되어 다른 피해를 입게 되었다. 토선(土船)의 강제 징발로 말미암아 연안의 선주들이 모두 도피하여 통상무역에까지 악영향을 미치고 토선은 실업상태에 빠지게 되었다.[27]

이런 상황에서 종래 상인들의 선택은 다음 몇 가지로 압축되었다. 첫째, 공가(貢價)조차 제대로 지급되지 않는 공인이나 난전 사상회의 대두로 위협받는 시전상인이 되거나, 둘째, 상리국(商理局) 예하의 보부상단에 소속되거나, 셋째, 관 통섭 아래의 객주상

---

26) 고종 23년[1885년] 8월 기록에 湖南稅米는 輪船으로만 裝載한다는 통첩을 이미 시달하였음에도 불구하고 靈岩郡 稅米는 뇌물로서 私自出給을 받아 이미 京江主人處에 運來 到泊하였던 사실이 논란되고 있다. <『全羅道關草』 제1책, 「丙戌八月二十七日關完營」>

27) 『慶尙道關草』 제3책, 「壬辰三月十五日關嶺南總務官」.

법회사 소속의 객주·여각을 유지하여 중간 알선업을 계속하거나, 넷째, 작은 윤선(輪船)이나 기선(汽船)을 구입하고 일본인을 고용하여 국내 연안과 하천을 항행(航行)하는 소규모 선운업으로 형태를 바꾸거나, 다섯째, 일본 등 외국자본과 결탁하여 그들의 국내 경제 침탈의 첨병이 되는 것이었다. 실제 그들은 이들 모두를 선택하여 다양하게 활로를 찾았다.

그러나 그 무엇도 독자적인 경제 주체로서 지속적인 상업 활동을 보장해 주지는 않았다. 특히 다섯 번째의 경우는 일본 상인의 매매를 알선하는 중에 해외로 미곡을 반출하는 데 활약하여 동학농민군의 공격 대상이 되기도 하였다. 결국 경강상인을 위시한 개항기 상업 주체들은 과거의 영화를 뒤로한 채 기울어 가는 국운과 함께할 수밖에 없었다.

물론 내륙수로였던 한강의 경우는 외국선박의 침탈이 두드러지지는 않았다. 하지만 지방 선상들의 지지기반이었던 경강상인들의 몰락은 한강 전체의 수운에도 점점 악영향을 미치기 시작했다. 더구나 일제 강점기 이후 경부선, 중앙선 등의 철도가 개통되고 한강변을 따라 신작로가 건설되어 그간 물길을 통해 유통되던 물화의 양은 급격히 줄게 되었다. 이에 따라 남한강의 중심 나루를 지탱하던 지방선상들의 규모는 작아지고, 대신 생계를 위하여 소규모로 개인 배를 이용하여 장사를 하는 사람들은 늘어나게 되었다. 이렇듯 근근이 이어가던 남한강의 수운은 해방 후 6·25 동란을 기점으로 급격히 쇠락하다가 급기야 팔당댐과 충주댐의 건설로 물길이 막힌 후 중단되고 말았다.

Ⅲ. 남한강의 나루

1. 남한강 나루의 개관

한강에 나루가 만들어진 것은 그 역사가 상당히 오래된 것으로 보아야 한다. 강을 배경으로 고기를 잡거나 삶의 터전을 잡기 위해 부득불 강을 건너야 하는 상황이 있었을 것이고, 그때마다 그들은 큰 강을 건너기가 가장 수월한 곳을 이용하였을 것이다. 이어서 삼국시대가 되면서 한강의 중요성은 더욱 강조되었다. 익히 알려진 바대로 한강 유역을 누가 차지하느냐가 한반도에서의 주도권을 잡는 문제와 직결되었기 때문이다. 자연 강을 통해 대규모의 군대가 이동을 하게 되고, 이때부터 나루의 기능이 본격화되었다.

일반적으로 나루의 의미로 흔히 도(渡)와 진(津)을 쓰고 있다. 그런데 이것을 좀 더 세분화하자면, 도(渡)·진(津)·제(濟)·섭(涉) 등으로도 나눌 수 있다. 즉 황하(黃河)와 같이 큰 강을 건널 때에는 도하(渡河)라 하였고, 보다 작은 한강이나 임진강, 압록강과 같은 강을 건널 때에는 진강(津江)이라 하였으며, 한강 상류의 달천 또는 낙동강 상류의 내성천과 같이 강의 지류에 해당하는 하천(河川)을 건널 때에는 제천(濟川)이라 하였다. 그리고 전답(田畓) 사이로 흘러가는 도랑물을 건널 때에는 섭수(涉水)라고 하였다. 결국 강폭의 정도에 따라 의미의 차이를 두었던 것이다.

하여간 고대 국가의 기반이 잡혀감에 따라 통치 질서를 유지하기 위한 각종 정책이 시행되었다. 그중 강을 매개로 하는 정책은 크게 두 가지로 나누어 전개되었다. 그것은 바로 교통 정책과 상업 정책이었다. 그러면 그 내용을 좀 더 본격적으로 살펴보도록 하자.

1) 중앙 집권화 정책과 한강의 진도(津渡)

조선 왕조 건국의 주역들은 고려 왕조의 멸망을 권문세족(權門勢族)들의 발호에서 찾았다. 그들은 권문세족들로 인해 국가 통치 질서가 쇠약해짐을 분명히 인식하고 있었다. 사실 조선의 건국은 이런 고려조의 내재적인 모순에 힘입어 탄생한 것이기도 하였다. 그들은 조선을 건국하면서 국정 운영의 최우선 과제로 중앙 집권의 강화를 들었다. 그런 점에서 중앙 집권적 사회에서의 교통 문제는 국가 정책과 밀접한 관련을 갖는다.

중앙 집권화 정책이 강화됨에 따라서 통치 체제를 효과적으로 운영하기 위하여 교통과 통신 그리고 운수조직이 정비되어 갔다. 새 왕조의 교통 정책도 이 같은 중앙 집권화 운동의 일환으로써 전개되었다. 보다 강력한 지방 통제를 위해서도 교통망의 정비는 불가피한 것이었다. 이에 따라 전국의 교통망은 한양을 중심으로 하여 사통팔달하게 되었다.

당시 상황을 알 수 있는 좋은 자료가 있는데, 바로 『증보문헌비고(增補文獻備考)』란 책이다. 이 책에 의하면 당시 전국의 간선도로는 총 9개였던 것으로 파악된다. 제1로는 서울에서 의주(義州), 제2로는 서울에서 서수라(西水羅), 제3로는 서울에서 평해(平海), 제4로는 서울에서 부산(釜山), 제5로는 서울에서 통영(統營), 제6로도 서울에서 통영(路線이 다름), 제7로는 서울에서 제주(濟州), 제8로는 서울에서 충청수영(忠淸水營), 제9로는 서울에서 강화(江華)로 이어지고 있었다. 그런데 이들 간선도로 중에서 제4로, 제5로, 제6로, 제7로, 제8로, 제9로 등 모두 6개가 바로 한강을 통과해야 했다.

본래 하천을 건너는 방법은 여러 가지가 있을 수 있으나, 다리를 놓는 방법 외에는 대부분 원시적인 방법이었다. 그런데 당시의 토목 기술로 한강과 같이 큰 강에 다리를 놓는 일은 불가능하였다. 결국 배를 이용하여 물살이 약한 부분을 건너가는 것이 가장 현실적인 방법이었다. 여기서 배를 대고 출발시키는 곳에 특별한 시설을 하게 되었다. 즉 강을 건너는 양쪽 지점에 나루가 생겨난 것이다.

실제 조선 왕조에서 주요 간선 도로가 통과하는 한강에는 일찍부터 광나루[廣津]·삼밭나루[三田渡]·서빙고나루[西氷庫津]·동작나루[銅雀津]·노들나루[露梁津]·삼개나루[麻浦津]·서강나루

[西江津]·양화나루[楊花渡] 등이 개설되어 있었다. 이 중 특히 광나루·삼밭나루·서빙고나루·동작나루·노들나루는 오강(五江) 진로(進路)라고 하여 중요 교통로로써 이용되고 있었다. 이들 나루의 도선장(渡船場)인 나루를 오가며 사람과 물자를 건네주는 나룻배는 한강 양쪽을 이어 주는 국가 공공 편의 시설이었다.

2) 진도(津渡)의 설치와 운영

진도(津渡)의 설치는 고려 왕조에서도 있었다. 예성강의 벽란도(碧瀾渡), 임진강(臨津江)의 하원도(河源渡), 대동강의 관선도(觀仙渡), 봉황진(鳳凰津), 그리고 한강의 사평도(沙平渡), 양화도(楊花渡) 등이 그것이었다. 조선은 대체적으로 고려의 체제를 거의 받아들였는데, 다만 한강에는 한강도(漢江渡)와 양화도(楊花渡)만을 설치 운영하였다.

조선의 진도제(津渡制)는 세종조에 이르러 정비된 것으로 알려져 있다. 이때에 이르러 비로소 도진(渡津)의 등급이 정해지고, 도(渡)의 관리 책임자인 종9품 도승(渡丞)이 임명되었다. 그들에게는 복무의 대가로 늠급위전(廩給位田)이 지급되었으며, 또한 각 진도에는 그 관리 비용을 위하여 진척위전(津尺位田)이 나누어 제공되었다. 뿐만 아니라 도승(渡丞)에게는 그 기찰(譏察) 업무를 위하여 도승인(渡丞印)이 부여되었다.

실제 진도(津渡)의 운영은 각 진도의 등급을 대로(大路)·중로

(中路)·소로(小路)의 3등급으로 구분하는 데서 시작하였다. 특히 대로(大路)인 도(渡)에는 도군(渡軍)을 두어 오고가는 사람들을 살펴 범죄인 등을 감시하도록 하였다. 대로(大路)에 해당하는 도에는 관리 책임자로서 별감(別監)을, 그 후 태종 15년(1415)부터는 종9품의 도승(渡丞)을 제수하여 도선과 기찰을 감독게 하였다. 또한 각 진도(津渡)에는 사무를 처리하는 아전인 진리(津吏)를 두어 도승을 보좌케 하였다. 그리고 실제 강을 건너는 데 있어 배를 부리는 인부인 진척(津尺)이 있었다. 그들은 고려시대로부터 조선시대에까지 나룻배[渡船]를 부리던 사공이다. 그들의 신분은 평민[良人]이면서 천역에 종사하는 신량역천(身良役賤)의 계층으로 관선(官船)에 딸려 있었다. 하지만 고려시대만 하더라도 그들은 반역 등의 형벌을 입어 천역에 종사하게 된 것인데, 자연 대대로 세습되었다. 그러던 것이 조선이 개국과 더불어 대대적인 양인 확보책을 실시하게 되었는데, 이에 힘입어 태종대에 이르러 진척(津尺)은 보충군으로 편입되었고, 이전의 역은 면제를 받게 되었다. 그러나 사공일이라고 하는 것이 일은 많고 힘들며, 더구나 고려조의 전례를 따라 사회적·경제적 불이익이 있었다고 한다. 그러기에 역을 피해 도망하는 일이 흔했던 것이다. 그들은 도선(渡船)뿐만 아니라 생선을 잡는 등 잡역에도 종사하여 생계를 꾸려 나갔다.

옛 기록들을 볼 때, 당시 도강(渡江)의 과정에서 사고는 다양한 모습으로 빈번하게 일어났던 듯 하다. 자연 관리를 맡은 책임자는 물론 도진(渡津)에 관련된 인원들은 엄격한 규율을 적용하였다. 특히 도강 중의 침몰 사고를 방지하기 위하여 승선 규정을 엄격히 지키도록 하였다. 구체적으로는 배에 너무 많은 짐을 싣거나, 승선 인원을 초과하여 배가 침몰한 경우, 진부(津夫)들은 장 1백에 처해졌으며, 도승 또한 중죄를 받았다. 기록을 통해 보면, 태종 13년 한강도(漢江渡)에서 전복 사고가 나서 30여 명의 승객이 익사하였고, 중종 때에도 양화도에서 많은 사람들이 변을 당하였다고 한다.

또한 선박 관리 역시 사고 예방 차원에서 범국가적으로 실시되었다. 대부분 선박은 건조된 지 5년이 지나면 수리를 하였으며, 다시 5년이 지나면 해체를 하였다. 배 한 척을 만들기 위해 수많은 소나무가 필요로 함을 전제로 할 때, 이는 너무도 소모적인 일이었다. 그러나 당시 기술로는 선박의 수명을 연장할 방법이 없었다. 혹 선체(船體)에 옻칠을 하거나 철판을 대는 등 중국에서 몇 가지 기술이 전래되기도 하였지만, 큰 효과를 보기는 어려웠다. 다만 정기점검을 통해 배를 육지로 끌어올려 손질하는 등 최소한의 노력을 통해 선체의 부식을 막을 수밖에 없었다.

대체로 도진(渡津)의 운영 자금은 정부로부터 땅을 받아 거기에서 생산되는 소출을 통해 마련되었다. 대로(大路)인 양화도(楊花渡)·삼전도(三田渡)·임진도(臨津渡)·벽란도(碧瀾渡) 등은 10결(10結)의 진척위전을 지급받았으며, 교통이 빈번한 한강도(漢江渡)에는 20결, 노도(露渡)는 15결의 진척위전을 지급받았다. 여기서 결(結)이라고 하는 것은 조세를 매기기 위한 논밭의 면적 단위를 의미한다. 토지 면적의 단위 중 가장 작은 단위로는 '파'가 있다. '1파'는 곡식 한 주먹이 생산되는 토지의 면적이다. 이것이 10번 모여 '10파'가 되면 '1속'이라 부른다. '1속'은 곡식 한 다발이 생산되는 토지의 면적이다. 다시 '10속'이 되면 '1부'가 된다. '1부'는 곡식 1짐의 개념이다. 마찬가지로 '100부'가 모여 '1결'을 이룬다. 즉 '1결'은 곡식 100짐을 생산할 수 있는 토지의 면적을 지칭하는 말이다. 물론 생산 기술의 발달, 도구의 발달, 종자의 개량, 모내기 보급, 저수지 증가 등으로 단위 토지당 생산되는 곡식양이 늘어나며 1결의 실제 면적은 당연히 줄어들었다. 그렇다 하더라도 도진(渡津)에 제공된 토지양이 상당했음을 짐작할 수 있는데, 이 역시 그 중요성을 인식하고 있었다는 반증이 된다. 진부(津夫) 또한 규모에 맞춰 10명~20명 정도의 인원이 배속되었다.

다음으로 중로(中路)는 광진(廣津)·낙하(洛下)·패강(浿江)·금강(錦江)의 진에는 3결의 진척위전과 3명 내외의 진부가 배속되었다. 나머지 소로(小路)에 해당하는 진에는 1결의 진척위전과 1명의 진부가 배정되었으리라고 추측된다.

또한 각 진도는 일정 수의 나룻배를 보유하고 있었다. 나루의 기능이 배를 통해 사람과 물자를 실어 나르는 것인 만큼 지극히 당연한 일이었다 하겠다. 그러나 실제 예상보다 보유 척 수는 훨씬 적었던 것으로 보인다. 여러 기록들을 통해 볼 때, 태종 때 신설된 삼전도(三田渡)의 경우 3척의 관선을 보유하는 데 그쳤다고 한다. 『대전통편(大典通編)』이나 『속대전(續大典)』 등의 자료를 통해 볼 때, 대략 각 진도의 선박 수효는 다음과 같다. 즉 광진(廣津)에 4척, 송파(松坡)에 9척, 삼전도(三田渡)에 3척, 신천진(新川津)에 2척, 한강도(漢江渡)에 15척, 양화도(楊花渡)에 9척, 공암진(孔岩津)에 5척, 철관진(鐵串津)에 1척을 배정하였는데, 뒷날 서빙고진(西氷庫津)과 동작진(銅雀津)에도 관진선(官津船)을 배치했다고 한다.

3) 한강 나루의 분포

한강은 강원도 오대산(五臺山)에서 발원하여 한반도의 중심부를 가로질러 강화도에 이르러 서해로 흘러간다. 실로 500km가 넘는 대장정이기에 나루 역시 상당수에 이른다. 『세종실록지리지(世宗實錄地理志)』와 『동국여지승람(東國輿地勝覽)』을 바탕으로 조선 전기에 운용되었던 한강 연안의 나루 분포를 살펴보면 다음과 같다.

오대산(五臺山) 우통수(于筒水)에서 발원한 한강수는 정선(旌善)에 이르러 광탄진(廣灘津), 여량진(餘糧津), 동강진(東江津)을 만들고, 다시 영월(寧越)로 흘러가 금강진(錦江津), 후진(後津) 거쳐 영춘(永春)의 남진(南津), 단양(端陽)의 상진(上津)·하진(下津), 청풍(淸風)의 북강진(北江津)·황강진(黃江津)을 지나 충주(忠州)에 도달한다.

강변 도시인 충주는 대도시로서 주변의 제천(堤川)·청풍(淸風)·원주(原州) 등지와 왕래가 빈번하였다. 자연 개설된 나루의 수 역시 많았으니, 포탄진(浦灘津)·신당진(新塘津)·목계진(木溪津)·청룡진(靑龍津)·북강진(北江津)·하연진(荷淵津)·가흥진(可興津) 등이 있었다.

이어서 원주(原州)의 흥원진(興原津)을 거쳐 여주(驪州)의 여강진(驪江津), 이포진(梨浦津)에 이르게 된다. 그리고 다시 북상하여 양근(陽根)의 대난진(大難津), 사포진(蛇浦津), 용진도(龍津渡)와 만나 광주(廣州) 땅에 이른다.

여기에서 봉안으로 통하는 마점진(麻岾津)·두미진(斗迷津)과 양주로 건너가는 미음진(渼音津)을 거쳐 광주(廣州)에 도달한다. 여기에서부터 한강을 경강(京江)이라고도 부른다. 즉 서울[京]로 들어가는 길목이라는 의미가 된다.

다시 서울로 들어서면 광진(廣津)이 나온다. 이어 삼전도(三田渡), 송파진(松坡津), 신천진(新川津), 두모포(頭毛浦), 한강진(漢江津), 서빙고진(西氷庫津), 동작진(銅雀津), 흑석진(黑石津), 노량진(露梁津), 용산진(龍山津), 마포진(麻浦津), 서강진(西江津), 율도진(栗島津), 양화도(楊花渡), 공암진(孔岩津), 철관진(鐵串津), 조강진(祖江津)과 만난다.

지금까지 언급된 나루를 보더라도 그 수가 많은데, 한강에는 이 외에도 크고 작은 나루들이 곳곳에 진설(陳設)되어 있었다. 수상 교통에 있어 한강이 차지하는 비중은 우리의 상상을 뛰어넘는 수준이었음에 분명하다. 세세한 나루의 면모는 다음 장에서 언급하기로 한다.

4) 사선(私船) 활동

진도(津渡)의 존재는 국가의 중앙 통치 체제를 위한 것이기도 하지만, 일반 백성들에게는 현실적으로 도움이 되는 것이었다. 개인의 힘으로는 도저히 건널 수 없는 강을 정부에서 공익사업의 일환으로 진도를 설치해 주었으니 큰 혜택이라 할 수 있었다. 더구나 진도(津渡)가 위민 정치의 부분이었기에 뱃삯[船價]은 무료였다.

그러나 전국 각처에 산재하고 있는 크고 작은 나루에 모두 관선이 배치된 것은 아니었다. 현실적으로도 불가능한 일이었다. 앞서 언급한 바와 같이 대로(大路)의 경우에도 관선(官船)은 10척을 넘기기가 어려웠다. 자연 부족한 부분은 사선(私船)을 통해 메울 수밖에 없었다. 이러한 사정은 국가적 관리체계하에 있는 한강도(漢江渡)·노량도(露梁渡)·삼전도(三田渡)·양화도(楊花渡) 등도 마찬가지였다. 그곳에서는 관선과 아울러 사선이 운행되고 있었다.

사선(私船)의 소유자들은 주로 고기잡이를 하며 생활을 영위하며, 정부의 차출에 응하여 배를 부역하였다. 하지만 도강(渡江) 활동이 훨씬 유리함을 알고 도선업(渡船業)으로 완전히 업종을 바꾸는 사례가 급속히 증가하였다. 이러한 모습은 관선에서도 나타났는데, 진부(津夫)들은 관선(官船)을 숨겨두고, 개인적으로 친분이 있는 사람이나 자신의 사선으로 영업에 나서기도 하였다.

사선(私船)은 관선에 비해 선체가 작고 경쾌하여 쉽고 빠르게 강을 건네주었다. 더구나 관선에서는 진부(津夫)들의 횡포도 적지 않았다. 그런 이유로 사람들은 비록 선가(船價)를 지불하더라도 사선을 이용하고자 하였다. 결국 사선(私船) 활동은 도진(渡津)이 자리 잡는 조선 전기에 이미 그 뿌리를 확고히 내리게 되었다. 결국 경쟁력을 잃은 관선은 자유경쟁 체제를 도입하여 조선 후기에 이르면 모든 도진(渡津)에서 사선(私船) 활동을 합법화하기에 이르렀다.

대신 사선(私船)은 국가에 대해 세금을 내어야만 하였다. 선박의 크기를 대·중·소로 나누고 선주의 이름을 등록하였다. 경제 활동의 양상은 예나 지금이나 거의 흡사하였다. 자연 선세(船稅)나 어세(漁稅)는 1년에 1회 납부하는 것을 원칙으로 하였다. 사선에는 낙인(烙印)이라는 등록증이 발부되었다. 일종의 영업 자격증과 같은 것이었다. 이상과 같이 한강의 수상 교통은 관선에서 사선 중심으로 민영화의 길을 걸었으며, 이와 맞물려 시설과 서비스가 한층 나아지는 계기를 맞이하게 되었다.

일제 강점기 이후 나루의 운영은 마을이나 민간의 손으로 이양되었다. 사람이 많이 건너다니는 나루는 입찰을 거쳐 선정될 정도로 이익이 많이 생기기도 했다. 뱃사공들은 외지인들에게는 뱃삯으로 돈을 받았지만 주민들에게는 대개 봄에 보리 한 말·가을에 벼 한 말씩, 혹은 가을에 쌀 한 말씩 받는 식으로 '나루추렴'을 하였다. 그러다 나루가 폐쇄되기 직전에는 건너는 사람들이 없어 모두 돈을 받는 식으로 바뀌었다.

나룻배는 돛은 달지 않고 물이 적을 때는 삿대로 밀고 물이 많을 때는 노를 저어 강을 건넜다. 대개 나루마다 두 척을 운용하였는데, 한 척은 작은 배로 사람을 태우기 위한 것이고, 한 척은 큰 배로 자동차나 우마차를 실어 나르던 것이다.

육로가 발달된 곳이나 강에 여울이 험한 곳 주변의 나루들에는 도강(渡江)의 기능뿐 아니라 남한강을 오르내리던 돛단배와 뗏목이 정박하여 물건을 내리거나 쉬어 갔으므로 이런 나루들에는 객주와 주막이 발달되어 있었고 색시집이 있는 곳도 있었다. 또한 '배가 가는 때마다 장'이라는 말이 있듯이 돛단배가 정박하면 그때그때 소규모의 물물교환이 이루어지기도 해 교역의 역할을 담당하기도 했다.

그러다 충주댐과 팔당댐의 건설로 남한강 수운이 끊기자 돛단배와 뗏목이 사라지게 되었고, 양근대교, 이포대교, 여주대교 등이 건설된 후로는 나루의 도강 기능도 없어져 나루는 거의 폐쇄되고 말았다.

2. 남한강의 나루

1) 양평의 나루

양평군은 원주와 충주지방으로부터 흐르는 남한강이 여주를 통과하여 군으로 유입되고, 군을 가로질러 수도권의 젖줄인 팔당 상수원으로 유입되는 지역이다. 그래서 양평은 예로부터 남한강 수운(水運)의 중심지로서 인근 지역의 물류 유통을 전담하며 경제 활동의 요람 역할을 했다. 양평군에 속한 면들의 경계가 강을 중심으로 하기보다는 산맥을 중심으로 하고 있는 것은 이 지역들에 나루가 발달하여 강을 이용한 교통에 불편함이 없었고 강을 생활의 터전으로 적절하게 이용해 왔다는 증거일 것이다.

양평군에서 남한강에 연해 있는 면은 양서면, 양평읍, 강하면, 강상면, 개군면 등으로 강변을 따라 크고 작은 나루가 발달해 있었다. 그러나 남한강 수운이 끊기고 양평교, 양근대교 등이 건설된 후로는 나루의 도강 기능도 없어져 나루는 모두 폐쇄되고 말았다.

(1) 두물머리 나루

양평군 양서면 양수리에 있는 나루로 돌떼미 시장에서 두물머리 마을로 들어가면 강가가 나타나며 주민들이 앉아서 기다리던 의자들과 배를 대던 돌로 된 둑이 남아 있어 이곳이 나루터였음을 한눈에 알아볼 수 있다. 두물머리 나루라는 나루터의 표석이 세워져 있지만 우거진 수풀에 가려 눈에 잘 띄지 않는다. 90년대 초까지 건너편인 광주군 남종면 귀여리로 강을 건너기 위해 이용

┃그림 5┃ 두물머리

되다가 폐쇄되었다. 돌떼미장에도 소시장이 서고 광주군의 경안장이 소시장으로 유명했을 때는 사람을 태우는 나룻배 외에도 10마리 이상의 소를 실어 나를 수 있는 커다란 나룻배도 있었다. 지금은 팔당댐으로 잠겼지만 그 전에는 쏘갈 바위가 나루 근처에 있어서 곡물을 싣고 가던 배가 부딪쳐 파손되어 '300가마를 먹은 바위'라고 불렸다.[28] 나루에서 왼쪽으로 보이는 강변에는 돛단배가 떠있다. 양평의 돛단배는 1998년 우경산 씨에 의해 재현되었는데, 지금 떠 있는 돛단배는 최근에 새로 지은 것이다. 일 년에 한두 건 정도 방송국이나 영화사에서 섭외가 들어와 빌려주기도 하는데, 이때 받은 배 임대료는 마을 기금으로 사용한다.[29]

(2) 한여울 나루

양평군 양서면 대심리에 있는 나루로 건너편은 강하면 운심리 운포이다. 한여울은 한자로 대탄(大灘)이라고 하는데 강 한가운데 큰 바위가 있어서 물이 돌아 나가므로 돛단배나 뗏목이 이곳을 통과할 때 곧잘 파손되었다고 한다. 이곳만 지나면 서울까지 이렇다 할 여울은 없어 뱃사람들이 자주 쉬어가곤 했으므로 주막과 색시집 등이 있었다. 한여울 주변에는 농사지을 데가 마땅치 않아 예전에는 배를 부리며 살던 사람들이 더 많았다고 한다. 마을에서 운용

28) 경기도 양평군 양서면 양수리, 김용운 (남, 82세), 2002. 9. 25.
29) '허준', '홍국영', '청풍명월' 등의 촬영에 사용되었다. 경기도 양평군 양서면 양수리, 손종구 (남, 43세), 2002. 10. 9.

|그림 6| *한여울 나루터*

되는 돛단배는 주로 땔감으로 쓸 나무를 실어 광나루나 뚝섬으로
실어 나르고 올라올 때는 생활필수품을 싣고 왔다.[30]

한여울 나루는 지금 없어졌지만 강변에는 지금도 나룻배와 돛
단배가 놓여 있다. 돛단배는 두물머리에서 우경산 씨가 만든 배
를 마을의 전통을 살리는 의미에서 '예마당' 주인이 구입해 놓은

---

30) 경기도 양평군 대심리 한여울, 김경용 (남, 83세, 짐배를 부리시던
   분), 2002. 12. 12.

것이라 한다. 지금도 마을에는 어업에 종사하는 사람이 네 명이 있는데, 어패류를 주로 잡기 때문에 낚거루가 좀 큰 편이고 야간 낚시에 쓸 조명도 달려 있었다.

한여울 나루에는 당집이 있는데, 지금은 이 마을에 거주하는 이 씨 할머니가 당을 돌보고 있다. 할머니는 이전에 무업을 하던 분인데 지금은 손을 놓았다고 한다. 예전에는 이 마을에서 고창굿이 크게 열려 광대도 들어와 며칠씩 흥청스럽게 놀았지만 없어진 지 오래라고 한다.[31]

(3) 상심 나루

양평군 양서면의 대심2리 상심마을에 있는 나루로 건너편은 강하면 운심리이다. 운심리 주민들이 국수리 기차역을 갈 때 주로 이용하던 나루였다. 근처에 있는 다루레기 나루가 더 컸으므로 양평장을 갈 때는 다루레기 나루를 더 많이 이용하였다. 뱃삯은 주로 모곡을 했는데, 봄에 보리 한 말, 가을에 벼 한 말 정도를 걷었고, 외지인에게는 그때그때 현금을 받았다. 예전에는 돛단배들이 자주 쉬어 갔기 때문에 주막도 몇 개 있었다고 한다. 마지막 뱃사공을 했던 최옥현 씨가 어업을 하며 마을에 살고 있다.[32]

---

31) 경기도 양평군 대심리 한여울, 이씨 할머니 (여, 82세, 도당 할머니), 2002. 12. 12.
32) 경기도 양평군 대심리 상심, 최옥현 (남, 62세, 뱃사공, 어부), 2002. 11. 23.

|그림 7| 상실나루자리

(4) 다루레기 나루

양평군 양서면 대심2리에 있는 나루로 건너편은 강하면 전수1
리이다. 강하면에서 장을 보러 오거나 학교에 가기 위하여 양평
으로 건너오는 사람들이 가장 많이 이용하던 나루라 한다. 그래
서 한창 나룻배가 다닐 때는 30명씩 타는 배로는 모자라서 강하
면에서 70~80명씩 타고 건널 수 있는 배를 지어주기까지 했다고
한다. 뱃사공은 면에서 입찰을 해서 뽑았는데 3년에 한 번씩 뽑

앉다. 나루터의 위치는 현재 아세아연합신학대학 밑에 있는 강변인데, 도로가 강변을 끼고 건설되어 옛날 모습은 거의 찾아볼 수 없게 되었다.

(5) 덕구실 나루

양평군 양평읍 오빈리에 있는 나루로 오빈나루라고도 하며, 건너편은 강상면 병산리이다. 주로 병산리 사람들이 서울을 가거나 옥천면에 일을 보기 위해 건너다녔던 조그만 나루였다. 덕구실 나루 바로 밑 창말에 여울이 있어 가끔 떼꾼들이 들러 가기도 해서 주막집이 세 집 정도 있었다.

(6) 양근 나루

양평군 양평읍 양근리에 있는 나루로 갈산나루, 양평나루, 읍내나루 등으로 불리기도 했었다. 건너편은 강상면 교평리이다. 현재 양근대교 바로 밑에 위치하고 있는데 콘크리트 포장이 되어 있다. 일제 때만 해도 큰 나루에 속해 소금과 새우젓 등을 실은 돛단배가 이곳에 물건을 부려 놓으면 마차로 싣고 강원도 홍천이나 횡성까지 올라갔다고 한다.

┃그림 8┃ 양근나루 자리. 지금 양근대교가 놓여 있다.

(7) 앙덕 나루

양평군 개군면 앙덕리에 있는 나루로 건너편은 강상면 세월리
와 점복리이다. 개군면 지역은 원래 여주군에 속해 있었다가 5·
16 이후 62년도에 양평군에 편입되었다.[33] 세월리 앞에는 쉼별
여울이라는 위험한 여울이 있어 마을 주민들이 여울에 골을 파고
뗏목과 돛단배가 지나갈 때마다 골세를 받기도 했었고, 앙덕 내
려오기 전 고분여울에서 떼가 자주 파손되었기 때문에 뗏목을 고
치며 쉬어 가기 위한 주막도 있었다. 쉼별에는 땔감을 베는 산판
이 있고 그 밑에 배를 대는 곳도 있었다. 산판 주인이 주민들에

---

33) 행정의 편이성도 있지만 여주군이었을 때는 가장 적은 면(거지마을)이
    었는데 양평으로 편입된 후에 가장 큰 면(부자마을)이 되었다고 한다.

게 한 평에 얼마씩 분양을 해 주면 주민들은 땔감을 베서 배에 실어 주는 대로 돈을 받았다 한다. 땔감을 실은 배는 뚝섬으로 내려간다.

나룻배는 마을 사람들이 돌아가며 보았는데, 그날 받는 뱃삯은 개인이 가지므로 손님이 많은 날은 수입이 괜찮았다 한다. 건너 마을의 주민들에게는 모곡이라고 해서 가을에 수금하러 가면 보리 4-50가마가 걷히는데 마을 자금으로 운용한다. 앙덕리는 강이 자주 범람하여 강변과 마을 사이에 커다란 둑을 쌓아 놓아 마을이 뒤로 옮겨졌다. 둑 아래에는 지석묘가 있었던 곳이라는 표석이 서 있고 그 밑에 나루가 있었는데, 지금도 낚시하는 배가 있고, 나루의 형태는 남아 있다.[34]

(8) 구미포 나루

양평군 개군면 구미리에 있는 나루로 일명 후미개 나루라고도 한다. 건너편은 여주군 금사면 전북리이다. 마을 사람들은 금사면의 이포장을 이용하기 위하여 이 나루를 많이 이용하였고, 구미리에 있는 산판이 컸기 때문에 전북리 사람들도 나무를 하기 위해 자주 이 나루를 이용하였다고 한다. 마을 입구에는 구미포 나루비가 서 있는데 임란 때 향병을 모아 왜군을 격퇴한 향군 승전 나루터라는 내용이 새겨져 있다. 상당히 큰 나루였으나 임란 때 불에 탄 이후 작아졌다고 한다.[35]

---

34) 경기도 양평군 개군면 앙덕리, 이금산 (남, 70세), 2002. 9. 25.

(9) 하자포 나루

양평군 개군면 하자포 1리에 있는 나루로 일명 아랫자진개 나루라고도 한다. 강 밑에 붉은 개흙이 쌓여 자진개라는 이름이 붙었다 한다. 20칸 정도의 물건을 쌓아놓고 보관하는 창고를 운영하는 집들이 몇 곳 있었는데, 이들을 대행이라고 불렀다. 강원도 홍천에서 곡식을 가져와 이 창고에 저장해 놓으면, 200석, 400석 싣는 큰 돛단배에 싣고 뚝섬, 마포에 가고, 뚝섬에서는 소금, 새우젓, 석유 등 생활필수품을 싣고 온다. 구미포와의 중간 지점에 고분여울이 있는데 물살이 빠르고 바위가 많아 배가 자주 파손되곤 했다. 곡식이 물에 빠지면 주민들이 건져 떡을 해먹고는 했다. 4, 5년 전까지 나룻배를 운행하였는데, 사공의 집이 나루터 옆에 있어서 부르면 바로 나와 건네주곤 했다고 한다. 뱃삯은 주민들에게는 1년에 벼나 보리 한 말씩 받고, 외지 사람에게는 돈을 받는다.36)

(10) 상자포 나루

양평군 개군면 상자포리에 있는 나루로 일명 윗자진개 나루라고도 하며 건너편은 여주군 금사면 금사리이다. 개군면 사람들은 금사면의 윗범실과 소유리의 소리실에 나무를 하기 위해 나루를 이용하였고 금사면 사람들은 곡수장을 이용하기 위하여 많이 건넜다. 나룻배는 20명 정도가 탈 수 있는 목선을 사용하다가 군에

---

35) 경기도 양평군 개군면 하자포리, 김동해 (남, 73세), 2002. 9. 26.
36) 경기도 양평군 개군면 하자포리, 김동해 (남, 73세), 2002. 9. 26.

서 50명 정도가 타는 철선을 마련해 주어 사용하다가 이포대교가
생기면서 나루의 기능이 소멸되었다.[37]

2) 여주의 나루

여주군은 태백산맥, 차령산맥, 광주산맥 세 산맥으로 둘러싸여
있고, 여주평야가 남한강을 끼고 펼쳐져 있다. 강원도의 오대산과
태백산에서 발원하여 경기도 양주군에서 북한강과 합류하여 한강
이 되기까지의 강줄기를 통틀어 남한강(南漢江)이라고 하는데, 각
지역마다 자기 지역을 흐르는 강줄기를 일컫는 토속적인 명칭이
있기 마련이다. 여주군을 관통하여 흐르는 남한강을 예로부터 여
강(驪江)이라고 불렀고 여주 군민들의 생활의 터전 역할을 했다.

여주는 남한강 수운의 전성 시기에는 강을 끼고 나루가 중심
지역마다 설치되어 있었다. 이 나루들에는 돛단배와 뗏목이 수시
로 운행하였다. 그리하여 여주 평야에서 나오는 쌀, 콩, 고구마
등의 품질 좋은 농산물이 남한강 물길을 타고 서울의 각처로 운
반되고, 인천에서 생산된 소금과 마포의 새우젓과 기타 생활필수
품들이 여주를 거쳐 경기도, 강원도 각처로 운반되었다.

여강의 동북 지역은 산지가 많지만, 남쪽 지역은 전형적인 여
주평야가 펼쳐져 있고 넓은 들과 야산이 잘 발달되어 있다. 이
지역에는 해방 이후에 실시된 토지 개혁 이전에는 서울에 거주하

---

37) 경기도 양평군 개군면 하자포리, 김동해 (남, 73세), 2002. 9. 26.

는 대지주들의 땅이 많아서 지주의 권한을 위임받은 마름을 두고 소작농과 도지를 관리하였다. 그래서 수확기가 되면 곡식의 수량을 파악한 후 배를 사용하여 곡식을 수송하곤 하였다.[38]

수운(水運)뿐만 아니라 남한강은 풍요로운 수산 자원으로 여주 군민들의 경제생활을 윤택하게 하는 기반이 되기도 하였다. 강마을 주민의 대부분은 농업에 종사하고 있지만, 농사일이 끝나면 배를 타고 강으로 나가 주낙과 그물로 쏘가리, 납자루, 빠가사리, 잉어 등을 잡아 만만치 않은 부수입을 올리기도 하였다.[39]

(1) 창남나루

창남나루는 여주군 점동면 삼합리 대오마을과 창남마을에 있는 나루로, 건너편은 원주시 부론면 흥호리 창말로 흥원창이 있던 지역이다. 조선조까지 이 흥원창에 집결된 강원도의 세곡은 남한강 물길을 타고 서울로 수송되었다. 창남나루는 창내미라고도 불리는데, 이는 흥원창 건너편에 있기 때문에 붙여진 이름이라 한다.

대오마을과 창남마을은 섬강과 남한강이 합수하는 지역에 위치하는 마을로 해방을 전후한 시기까지 강원도의 물산과 경기도의 물산이 교역되던 중심지였다. 한때는 원주에서 장호원으로 이동

---

38) 경기도 여주군 북내면 천송1리, 원세진 (남, 75세), 2002. 10. 23.
39) 경기도 여주군 북내면 천송2리, 창상화 (남, 42세), 2003. 1. 11.
   창상용 씨와 창상화 씨는 형제로 여주에서 민물고기 도매업을 하고 있으며, 조포나루회의 회원으로 활동하고 있다. 창상용 씨는 조포나루회의 회장을 맡고 있다.

하는 소가 하루에 30여 마리 이상씩 묶어 갈 정도로 사람들의 왕래가 많았던 곳이었다고 한다. 그러다 철도와 도로 등 육로 교통 수단이 발달된 이후 나루를 이용하던 강원도 원주, 횡성, 둔내, 방림, 대화 지역과 경기도 장호원, 이천, 여주 등지에서 오던 사람들의 발길이 끊긴 후 외진 벽촌이 되고 말았다. 대오마을은 현재 3가구 정도가 있으며 창남마을에는 5가구가 거주하고 있다.

그러나 나루가 폐쇄된 것은 극히 최근으로 1999년까지 나룻배가 운용되었다고 하는데, 그 이유는 대우마을이 경기도 여주군에 속하지만 예전부터 모든 생활은 강 건너편인 강원도 원주시 부론면 법천리에 의존하고 있었던 때문이다. 마을에서 장을 볼 때에도 부론장이나 법천장[40]을 이용하고, 학교도 강 건너편에 있어 학생들이 통학을 할 때도 나룻배의 이용이 필수적이었다. 부론면 사람들도 삼합리의 야산에서 땔감을 장만해야 했으므로 강을 건너왔지만 겨울철에는 강이 얼었기 때문에 걸어서 건널 수 있었다 한다.

창남나루의 나룻배는 원래 원주군청에서 운영하던 것으로 입찰을 통해서야 뱃사공을 할 수 있을 정도로 벌이가 괜찮았던 나루였지만, 주민들이 점점 도심으로 빠져 나가면서 마을의 호수가 줄어들고 쇠락의 길로 접어들었다. 30년 전 폐쇄가 결정되었을 때 대오마을 주민들이 인수하여 운영을 하였다. 나룻배는 원래 20명 정도가 탈 수 있는 목선이었지만, 그 후 철선을 이용하였다. 뱃삯은 마을 사람들에게 1년에 보리 2말과 벼 2말을 거두었다.

---

40) 부론면 법천장은 1일, 6일에 서는데, 점동면의 도리, 장안리, 삼합리 주민들은 다 이 장을 이용했다고 한다.

'마을배'는 사공을 돌아가면서 하게 되는데 최대현 씨[41])를 끝으로 운행을 중지하였다. 마지막으로 나룻배를 운행했던 최대현 씨는 현재까지 마을에 거주하고 있다.

지금도 사람을 태우는 작은 철선과 소를 실어 나르기 위한 커다란 철선이 나루터 자리에 버려진 채 놓여 있다. 작은 철선의 경우는 길이가 5m에 폭은 1m 12cm였고, 이물에는 와이어를 연결했을 듯한 쇠고리가 매달려 있었다. 큰 철선은 길이가 5m 60cm에 폭이 2m 7cm였고 소를 태울 때 썼을 것으로 추정되는 철판도 옆에 놓여져 있었다. 나루가 폐쇄된 이후에도 통학하는 학생들을 마을 어부들이 그들의 모터보트로 실어다 주곤 했었다 한다.[42])

(2) 도리의 배터거리

배터거리는 여주 점동면 삼합리 도리(되레)마을에 있는 나루이다. 도리마을은 남한강과 청미천이 합류하는 지역으로 소금배가 자주 정박하던 곳이었다. 강에 물이 많을 때는 소금배들이 청미천을 따라 장호원까지도 들어갔으나 물이 없을 때는 이곳에 배를 부리고 육로로 짐을 실어 날랐다.[43])

마을 어르신들은 이곳이 내륙수로 교통의 요충지였을 때의 일을 아직도 기억하고 있다. 마을에도 배가 5, 6척이 있었는데 벼를

---

41) 경기도 여주군 점동면 삼합리 대오마을, 최대현 (남, 54세, 삼합리 마지막 사공), 2002. 10. 12.
42) 경기도 여주군 점동면 삼합리 대오마을, 박광덕 (남, 43세), 2002. 10.
43) 경기도 여주군 점동면 삼합리 도리마을, 민영선 (남, 66세), 2002. 10. 12.

300석 정도 실을 수 있는 큰 돛단배도 있었다. 배 부리는 사람들이 묵어갈 수 있는 주막도 두서너 곳이 있었다. 이곳은 또한 육로 교통에서도 중요한 역할을 했는데, 서울에서 이천→광주→이곳 도리를 거쳐 →앙성→충주로 가는 길이 발달되어 있었다. 마을에서는 이들 장꾼들의 편의를 돌보아주는 커다란 객주도 하나 있었다고 한다.

예전부터 정기적인 장은 서지 않았으나 서울서 소금과 젖갈류를 실은 배가 들어오면 마을사람들이 곡물들을 들고 나와 바꿈질을 하였다. 근방에 도여울, 떼골 등의 여울이 있다. 집배를 부리셨던 이재오 씨도 마을에 살고 계신다.[44]

(3) 흔암리의 나루

흔암리에는 강천면 굴암리로 연결되는 나루가 있었는데, 이 나루가 흔암나루이다. 예전에는 이곳에서 장호원으로 나가는 육로가 있었다 하나 지금은 거의 폐쇄되었다.

건너편은 굴암리로 그곳의 주민들이 여주장으로 가기 위해 나루를 건넜고 여주나 점동면에 있는 학교에 다니는 학생이 많아 통학용으로 자주 이용되었으나, 이쪽에서는 땔감을 구하기 위하여 건널 뿐 그 횟수는 많지 않았다. 다만 강에 있는 하중도의 밭에 경작을 하기 위하여 이용되기는 하였다.

사공은 모곡이라 하여 자주 나룻배를 이용하는 주민들에게 1년

---

44) 경기도 여주군 점동면 삼합리 도리마을, 이재오 (남, 74세), 2003. 1. 10.

에 보리 한 말과 벼 한 말을 받았는데, 식구 수에 따라서 다소의
가감은 있었다.

　이곳에서는 민속놀이가 풍부하게 행해졌던 것으로 보이는데 정
월 보름경의 '쌍룡 거줄다리기' 외에도 여름에는 '뱃놀이(대동놀
이)'가 행해졌다. '뱃놀이'는 동네사람들 중 기운 센 남자들이 배
를 상류까지 끌고 올라가면서 술과 음식을 나누며 마을까지 흘러
내려온다. 그러면 나루에서 기다리고 있던 주민들이 모두 모여
함께 놀았다고 한다. '흙쌈'이라는 것도 있는데 논두렁을 사이에
두고 윗말, 아랫말 사람들이 흙덩이를 뭉쳐 던지면 노는 것이라
한다. 예전에는 우물고사도 있었으나 현재는 하지 않는다.[45]

　흔암나루의 경우는 물이 돌아가는 곳이라 물이 깊어 떼배를 많
이 대었고 떼꾼들이 쉬어가기 위한 주막도 몇 곳 있었다. 또한

▎그림 9▎ 흔암리 나루가 있던 자리

마을에서 운용하던 짐배들도 몇 척 있었다.

(4) 부라우 나루

부라우 나루는 여주군 여주읍 단현리 부라우 마을에 있던 나루이다. 홍수로 인하여 마을이 모두 고개 너머로 이주를 하여 지금은 나루의 위치조차 찾아보기 힘들었다. 부라우 나루는 현재의 마을에서 나지막한 고개를 넘어 급경사를 이룬 강가에 있었다. 홍수가 나면 나루 주변이 침수가 되기 때문에 고개 너머 마을이 형성된 것이라 한다.

수심이 깊고 흐름이 원만하여 소금배가 정박하고 장호원의 물자가 집산하였다 하나, 마을에서 부리는 짐배는 없었고, 뗏목이 묶어가지도 않았다 하지만, 영월, 정선 쪽의 떼꾼들의 제보에 따르면 부라우 나루는 떼가 쉬어가는 꽤 큰 나루였는데, 떼꾼들이 뗏바닥에 몰래 숨겨온 개졸가리(땔감으로 쓰는 작은 원목)들을 사려는 사람들이 수원 등지로부터 와 있어 이곳에서 거래가 주로 이루어지곤 하였다고 한다.

부라우 나루에 있던 나룻배는 길이 15m 정도에 사람이 40여 명 탈 수 있는 비교적 큰 배였다. 나룻배는 마을 사람들이 공동으로 비용을 대서 만들었고 공동 관리를 하였다. 마을에는 배를 만지는 목수가 살았었는데, 그가 배의 건조와 수리를 담당했다. 일당은 1967년 당시 하루에 세 끼를 제공하고 쌀 한 말을 받았다.

부라우 나루 바로 위쪽에는 바위가 툭 튀어나와 있어서 뭍에서 배를 끌 수 없었으므로 사공은 노를 저어 상류로 오른 후에 건너편으로 노를 저어 갔다. 뱃사공은 마을에서 정하는데, 뱃삯으로는 일 년에 보리 한 말과 벼 한 말을 거두어 주었다.

부라우 마을의 맞은 편 가야리 봉바위 마을 앞에는 여울이 있었는데 갈수기에는 짐배가 그냥 지나다닐 수 없었으므로 마을 주민들이 뱃골을 파고 그 대가로 골세를 받곤 했다 한다.

(5) 우만이 나루

우만이 나루는 여주군 여주읍 우만리에 있는 나루이고 건너편은 강천면의 적금리이다. 나루는 1972년 홍수 때 없어졌다. 지금 강변에 커다란 느티나무가 있고 의자가 몇 개 놓여 있는 곳이 옛 나루터의 자리이다. 여주에서 원주를 통행하는 길목 중 하나였는데, 6 · 25 전란 때는 서울 수복 후에 원주를 통행하는 군사용 도로의 주역이 되었다. 차량 통과를 위해 나무로 다리를 놓기도 하였으나 사변 후 철거되었다.

우만이 나루는 우만리와 멱곡리 사람들이 강천면으로 땔나무를 하러 갈 때 주로 이용하였고 건너편에서는 적금리, 굴암리, 가야리 사람들이 여주장을 가거나 학생들이 여주읍에 있는 학교로 통학하기 위하여 주로 이용했다. 원주장에서 소를 사서 여주장과 장호원장까지 이동하는 소장수들이 이 우만이 나루를 경유하기도 하였다.

뱃삯은 사공이 볏가마를 들고 다니며 1년에 겉보리 한 말과 벼 한 말을 거두었고 외지인에게는 300원 정도(1970년경) 돈을 받았

| 그림 10 | 우만이 나루가 있던 자리

다. 나룻배의 수선은 모두 사공이 부담하였는데, 목수를 부를 경우 하루 세 끼를 제공하고 일당으로 쌀을 한 말 주었으니 비용이 만만치 않았다 한다. 나루에는 20명 정도가 탈 수 있는 나룻배와 10명 정도가 탈 수 있는 거루가 각각 한 척씩 있었다.

우만이 나루는 돛단배나 뗏목이 쉬어 가는 곳은 아니었지만 여울의 물살이 심해 뗏목이 파손하는 경우가 종종 있었다.[46]

(6) 여주나루

여주 나루는 여주군 여주읍 학동에 있는 나루로 옛 기록에는 학동진, 여주진 (鶴洞津, 驪州津)이라 하였다. 서울, 양근, 지평,

46) 경기도 여주군 점동면 우만리, 길승준 (남, 61세), 2003. 1. 11.

홍천 지방과 관내 한강 이북을 통행하는 제일 큰 나루이다. 이곳에는 사람들을 승선시키는 작은 배와 대소 수레를 승선시키는 대형선이 겸비되어 있었다. 특히 6·25 이후에는 관내에 여주농업중학교가 면 단위의 유일한 중학 이상 학교여서 강북의 통학생들이 거의 학동진의 도선(渡船) 편을 이용하였기 때문에 늘 복잡하였다. 또한 5일에 한 번씩 돌아오는 여주장날에는 대혼잡을 이루었다. 큰비가 와서 강물이 범람하거나 바람이 심할 때에는 도선이 불가능하여 결도(缺渡)하는 경우가 많았다. 1964년 여주대교의 개통 후부터 이용 수가 점차 줄어들어 결국은 폐쇄되었다.

이 나루는 한강 중류 지역에 위치한 수상 및 육상 교통의 중심지여서 뗏목과 돛단배의 출입이 끊이지 않던 곳이다. 나루의 수심이 상당히 깊고 물살이 완만하여 기항이 편리했지만, 하안 경사도가 급하여 하역은 불편한 곳이었다. 하지만 나루 배후지에 평야지대가 넓게 펼쳐져 있어서 물자의 출입이 많았던 곳이다. 총독부의 자료에 의하면 일제 때 일 년간 이곳으로 들어온 화물 중에는 식염이 약 1천200석이 되고, 건어는 약 400태, 석유는 80상자였으며, 이곳으로부터 나간 곡물은 백미가 약 5000석, 벼가 약 3000석, 대두가 약 300석 등이었다고 한다.

이곳에서 서울로 내려가는 수로는 물이 많을 때면 마포까지 이틀 정도면 되었고, 보통 4-5일이 걸렸다. 반대로 마포에서 소강하여 올 때는 바람을 받으면 4-5일, 바람이 없으면 6-7일이 걸렸다.

일제 때는 수여선 철도가 연결되어 있어 이 일대의 물자들이 집산하여 기차로 수원과 인천, 서울 등지로 나가기도 했다.[47)]

(7) 조포나루

여주군 북내면 청송리에 위치한 나루인데, 조선조 기록에 호포진 혹은 조포진이란 기록이 보여 유래가 오래된 나루라는 것을 알 수 있다. 신륵사 입구에서 강가로 내려가면 모래사장이 펼쳐지는데, 거기가 바로 조포나루 자리이다. 옛날에는 북면과 지평, 양동의 통행에 이용했던 나루였는데, 여주대교가 놓이면서 폐쇄되었다.

조포나루의 나룻배는 차를 실어 나를 수 있는 큰 배 한 척과 사람이 건너다닐 때 쓰는 작은 배 한 척이 있었다. 청송리 주민들은 5일, 10일 서는 여주장을 가거나 여주읍에 있는 학교를 갈 때 주로 나루를 이용하곤 했다. 겨울에는 얼음이 얼어 그냥 걸어서 건너 다녔는데 충주댐이 건설되고부터는 얼음도 얼지 않는다고 한다.

신륵사 입구에는 청송리 주민들 30 - 40명으로 이루어진 조포나루회에서 추렴하여 92년도에 세워진 나루비가 서 있다. 조포나루가 위치한 청송리는 드넓은 평야가 펼쳐진 지역으로 예전 이곳은 안동 김씨 가문 등 서울에 사는 지주가 많았는데, 이들은 현지에 마름을 두고 경작지를 관리하게 한 후 추수가 끝나면 여주나루에서 도지로 받은 곡식을 짐배에 싣고 서울로 운반했다. 그러다 해방 후 여운형 씨가 있을 때 토지개혁을 하고 나서는 지주가 없어졌다.

마을에 배를 가지고 있는 사람을 선주라 했는데, 뱃사람을 몇

---

47) 경기도 여주군 여주읍 학동, 심성택 (남, 85세), 2002. 10. 30.

┃그림 11┃ *여주 벽절. 강 아래로 조포나루, 위로 텃골이 있다.*

명 부리며 여주의 양곡을 싣고 서울로 가서 소금과 새우젓 등 젓갈류와 교환해서 가지고 오곤 하였다.

영월 등지에서 내려오는 뗏목도 자주 지나다녔는데, 여주 대교 근처의 마암대와 영월루 근처에는 딴섬여울 등 물살이 빠른 곳이 있어 밤에는 위험하여 내려가지 못하고 쉬어 갔다. 그래서 주막도 번성하였는데, 색시는 없었고 숙식만 제공했다. 신륵사와 텃골 사이에 생골이라고 있었는데 거기가 예전의 주막자리이다.[48] 충주댐이 생긴 후 영월에서 오는 뗏목은 없었지만 충주에서 내려오는 미루나무 뗏목은 있었고, 용도는 나무젓가락을 만드는 것이었다 한다. [49]

---

48) 경기도 여주군 북내면 청송1리, 원세진 (남, 75세), 2002. 10. 24.

(8) 텃 골

텃골은 조포나루에서 상류로 바위를 끼고 돌면 나오는데, 주민들의 기억 속에서도 거의 지워진 나루라 육로로 찾기는 쉽지 않다. 청송2리에서 청송1리로 가는 고개를 바로 넘으면 홍일가스 건물이 보이는 샛길이 나온다. 이 샛길을 따라가면 옛날 우마차가 지나다녔음직한 호젓한 길이 나오고 바로 고개를 넘어 강변으로 가면 텃골이 나온다. 텃골에는 지금 집이 한 채밖에 남아 있지 않고 외진 곳에 숲이 우거져 있어 강변으로 내려가는 것도 쉽지 않았다. 바위로 된 절벽 사이에 수심이 좀 깊고 배를 한 척 댈 만한 공간이 있는데, 이곳이 바로 소금배를 대던 자리다. 텃골은 서울서 올라오는 소금배가 정박하는 항구로 서울에서 온 배의 여주 기점의 역할을 하고 있었다 한다. 여기서 부린 짐은 우마차에 실어 양동까지 운반하였고, 텃골에 소금배가 도착하였다는 소식이 전해지면 인근 주민들이 곡식을 이고 텃골로 모여들었다고 한다.[50]

(9) 이호 나루

이호나루는 여주군 강천면 이호리(배미리, 배암리)에 있는 나루이다. 조선시대의 기록에 이호진이라는 이름이 보이므로 유래가 오래된 나루임을 알 수 있다. 예전에는 여주에서 원주 방면으로 통행하는 길목이라서 매우 번성했었다. 6·25 이후 지금의 42번

---

49) 경기도 여주군 북내면 청송2리, 창상화 (남, 42세), 2003. 1. 10.
50) 경기도 여주군 북내면 청송1리, 원세진 (남, 75세), 2002. 10. 24.

98

국도를 만들어 내세, 소지개, 가정리, 이호리로 통행하게 되고 여주대교, 이호대교가 건설되고 나서 도선(渡船)이 폐쇄되었다.

나룻배는 작은 트럭 두 대를 건네줄 수 있는 크기였는데 워낙 짐이 많고 물살이 빨라 사공이 4-5명은 있어야 했다. 물살 때문에 강변을 타고 상류로 올라갔다가 건너야 비스듬히 내려가 건너편 나루에 당도했다고 한다.

이호나루는 영월에서 내려오는 뗏목도 많이 쉬어가고, 서울서 올라오는 돛단배도 자주 왕래했다. 이호나루는 인천과 강릉을 연결해 주는 주요 교통의 요지였고, 서울에 거주하는 지주들도 이곳에 땅을 많이 가지고 있어 인천, 서울 등지에서는 소금과 새우젓 등을 싣고 올라오고, 물물교환이나 도지로 받은 곡식들을 싣고 내려갔는데, 운용되는 돛단배도 200가마를 실을 정도의 큰 배들이었다.

이렇듯 뗏목과 돛단배가 자주 들어오므로 자연히 떼꾼이나 뱃사람을 상대하는 주막들도 많았는데, 기생을 데리고 있는 색주가도 있어 유흥을 즐기는 지역이기도 했다.[51]

(10) 천남나루

천남나루는 여주군 대신면 천남리 사비 마을에 있는 나루이다. 천남리는 본래 여주군 등신면 지역인데 1914년 행정구역 폐합에 따라 천남천 남쪽에 있는 마을이라 하여 천남리라 부르게 되었고

---

51) 경기도 여주군 강천면 이호리, 방호경 (남, 70세), 2002. 10. 30.

자연마을로는 참샘골과 사비 마을이 있다. 사비 마을 앞에는 양섬이라는 모래톱이 있어서 주민들은 양섬까지 나룻배로 이동한 후 모래톱을 걸어서 건너편으로 이동했다. 1970년대 초까지 나룻배가 운행하였는데, 나룻배는 대략 20명 정도가 탈 수 있는 목선이었고 대신면 천남리, 가산리, 후포리, 당산리 주민들이 여주장을 드나들기 위해 이용하였다. 뱃삯은 주민들의 경우 1년에 보리 1말과 벼 1말을 내었다.

천남리는 수운(水運)뿐만 아니라 육로도 발달했었는데, 당산리에서 사문리, 보통리를 거쳐 여주나루로 이어지는 마차나 달구지가 지나다닐 수 있는 길이 있었는데, 예전 역마가 있었던 곳이라 한다. 길의 고갯마루에는 서낭당이 있어 행인이 지나다닐 때마다 돌을 얹고 지나갔다.[52]

천남나루에는 주막집도 하나가 있었는데, 간혹 뗏목과 소금을 실은 돛단배가 쉬어가던 곳이었기 때문이라 한다. 뗏목이 내려올 때는 떼꾼들이 미리 연락을 취하는데, 그러면 주막에서는 돼지도 잡고 술과 음식을 장만하여 대기하곤 했었다. 천남나루와 여주나루 사이에는 '제비여울'이라는 물살이 빠른 곳이 있어 뗏목이 파선하는 경우가 종종 있었다. 뗏목이 여울을 잘 건너지 못하면 멍석을 말 듯이 떼가 동그랗게 말려든다. 이를 '돼지우리 짓는다.' 하여 아이들이 떼가 지나가기만 하면 소리를 지르며 놀려대었다.

---

52) 경기도 여주군 대신면 천남리, 임일석 (남, 76세), 2002. 10. 30.

(11) 양화 나루

양화나루는 여주군 능서면 내양리 양화동과 대신면 초현리와 당산리 사이를 건너는 나루이다. 이곳 양화동은 예전에는 100여 호 정도가 거주하고 있었으나 현재는 42호 정도 살고 있다. 주민의 대부분이 논농사에 종사하고 있으며 강선국 이장을 포함한 4명은 어부생활을 하고 있다. 주로 잘 잡히는 어종은 쏘가리, 갈견이, 납자루, 참게 등이다.

양화나루가 번성했던 예전에는 고창굿이 거행되기도 하고, 난장이 서기도 했다. 마을에서 부리는 짐배는 5~6척 정도가 있었고, 나룻배는 두 척이 있었는데, 사람을 태우는 나룻배가 한 척, 소를 열 마리 정도 실을 수 있는 큰 배가 한 척 있었다. 나룻배는 마을 소유였으며 뱃사공은 1년에 한 번씩 돌아가면서 보았다고 한다. 평상시 하루에 15명이나 20명 정도가 나루를 건너다녔는데, 밤에도 나루에서 소리를 지르면 사공은 일어나서 건네다주었다 한다. 뱃삯은 모곡이라 하여 1년에 보리 1말과 벼 1말을 주민들에게 거두고, 외지인들에게는 10-50원 정도 주는 대로 받았다 한다.

이곳은 옛날서부터 양화동이라 하였는데, 동(洞) 자가 붙은 곳은 역이 있던 곳이라는 뜻으로 육로도 발달되어 여주까지는 20리에 이르는 길이 있었고, 이천까지는 30리 길이었다.[53]

---

53) 경기도 여주군 능서면 내양리 양화동, 강선국 (남, 47세, 이장), 2002. 10. 26

┃그림 12┃ 양화나루비

　양화나루는 조선시대에는 양화진(楊花津)이라 불리며 대신면과 개군면을 경유하여 서울로 가는 통로로써 이용되었다. 충청도 일부와 강원도의 조세를 이 양화진에서 축적하였다가 배편을 이용하여 수송하였다. 양화동에는 땔감을 벨 수 있는 적산 임야가 106정보가 있었다. 이 산판에서 베어진 나무를 실어 나르기 위해서 강배들이 많이 드나들기도 했는데, 이 배들은 모두 타지에서 나무를 싣기 위해서 들어오는 배들이며, 산판은 목상이 관리했다. 또한 마포에서 소금, 새우젓배가 매일 들어오다시피 하였으며 마을에서 부리는 짐배도 곡식을 싣고 내려가서 소금, 새우젓을 사오기도 하였다.54)

(12) 찬우물 나루

찬우물 나루는 여주군 흥천면 상백리 찬우물에 있는 나루로 일명 한정나루하고도 한다. 이곳은 이포나루와 양화나루 중간 지점에 해당한다. 현재 약 30호 정도만 거주하고 있으며 마을 앞에는 자갈이 많아서 이름 지어진 '개미작별여울'이 있다.

예전에는 나룻배 2척, 장사배(돛단배) 2척 정도가 마을에 있었다. 예전에는 마을 앞에 섬이 있었는데 찬우물 주민들이 강을 건너가 농사도 지었으며 그 섬에도 약 70호 정도가 살고 있었다고 한다. 주민들은 주로 곡수장이나 대신장을 이용하기 위하여 나루를 건넜는데, 뱃삯은 매년 쌀 한 말씩을 추렴했고, 외지인들에게는 돈을 받았다.[55]

나루 근방의 여울 밑은 수심이 조금 깊은 편이어서 여울을 건넌 뗏목들이 자주 쉬어 갔다. 그래서 색시를 둔 주막집이 세 채 있었고 2층 주막집도 있었다. 마을에서 부리는 장사배도 두 척 정도가 있어 쌀과 베를 싣고 서울로 갔다가 새우젓과 소금을 싣고 올라왔다. 예전에는 마을 중심부에 갯벌장도 섰다.

(13) 이포나루

이포나루는 여주군 금사면 이포리에 있는 나루로 천양 혹은 천

---

54) 경기도 여주군 능서면 내양리 양화동, 이성진 (남, 76세), 2003. 1. 10.
55) 경기도 여주군 흥천면 상백리 찬우물, 경영호 (남, 66세, 15대째 거주), 2003. 1. 10.

령나루, 배나루, 배개나루라고도 한다. 천양(川陽), 천령(川寧)은 이포의 옛 지명이고, 배, 배개는 이포의 우리말 표현이다. 이포나루는 남한강을 사이에 둔 금사면 이포리와 대신면 천서리를 연결하는 나루였지만, 1991년 이포대교가 건설됨에 따라 나루의 기능이 없어져 폐쇄되었다.

폐쇄되기 전까지는 나룻배가 세 척이 있었는데, 사람을 태우는 조그만 배와 장에 나온 소를 싣는 큰 배, 자동차를 싣는 바지선도 있었다. 차량을 실어 수송하는 바지선은 6·25사변 후에 등장하였는데 면에서 관리했다. 면에서는 해마다 입찰을 받아 바지선을 운용하도록 했는데, 양평에서 서울 가는 길이 험해서 다들 이포나루로 차를 싣고 넘어와서 이천을 거쳐 서울로 가곤 했기 때문에 통행량이 굉장히 많았다. 그래서 한 해 운용으로 면의 자금도 넉넉해졌다고 한다. 또한 나루 옆에는 사공이 거주하는 도선장이 있어서 한밤중이라도 나루를 건널 일이 생기면 사공을 불러낼 수 있었다고 한다.

이포의 주민들은 천서리에 주로 농사를 지으러 건너다녔고, 천서리의 주민들은 이포장을 이용하기 위하여 주로 건너다녔다. 뱃삯은 가을에 벼 1말, 보리 1말씩을 주민에게 걷는데 이를 모곡혹은 무곡이라고 한다. 외지인은 돈을 내고 다녔다.

예로부터 이포진이 설치되어 있었는데, 여주, 이천, 곤지암 등지에서 양평을 거쳐 서울이나 원주로 통행하기 위해서 없어서는 안 될 나루였다. 그래서 남한강 수운의 전성시기에는 주민들이 천 명이 넘었었다 한다.[56]

이포나루는 예전부터 남한강의 4대 나루에 속하는 커다란 나루이며 항구였다. 그래서 소금배와 짐배들이 끊임없이 드나들었고, 뗏목들의 왕래도 빈번했다. 특히 이포의 경우는 전문적으로 배를 부리는 사람들이 많이 살던 곳이었다. 그래서 이포에는 뱃사람들이 모여 사는 수부 마을이 있었는데, 현재는 수굿마을로 동명을 바꾸었다. 이중환의 『택리지』에는 "(이포의) 백애촌은 주민이 오로지 배로 장사하는 데 힘을 써서 농사에 대신하는바, 그 이익이 농사하는 집보다 낫다."고 하였다.

짐배는 2-3명의 가족끼리 운영하는 경우가 많았지만, 선주가 뱃사람을 두고 하는 경우도 있었다. 아버지가 목선을 부렸다는 최병두 씨(84세)에 의하면 배는 대개 두세 명이 타는데, 두 명이 탈 경우 화장이라는 취사를 담당하는 사람이 있고, 선장은 영자라고 불러 물길을 읽고 배의 운행을 지휘한다. 배에는 화덕까지 만들어 놓고 기름을 발라서 불을 때서 밥을 지어 먹는데, 배가 떠날 때 고추장, 짠지를 가져간다. 짐을 부릴 수 있게 일꾼 둘을 데리고 가고, 어떤 때는 소 한 마리를 태우고 갈 때도 있었다. 뱃사람들은 선주를 '배 임자님'이라 하며, 가족들이 김장할 때나 메주 쑬 때 등 일손이 필요하면 언제든지 와서 도와주었다. 배를 수선하거나 돛대를 만들 때도 다 와서 함께 하는데, 이를 '뱃심 본다'고 한다. 또한 선장인 영자는 배를 부리는 사항의 일체를 기록하여 배임자에게 주는데, 이렇게 정산을 하는 것을 '일 본다'고 하

---

56) 경기도 여주군 금사면 이포리, 이진우 (남, 40세, 이장), 2002. 10. 26.

▌그림 13▌ *삼신당에서 바라본 이포강변*

며, 기록 책자를 '선주일기', '행선일기'라 한다.[57]

이포에는 일제 때 인근 지역에 금광이 두 군데나 있었는데, 범
실과 상호리 사이에 있는 광산에는 지금도 굴이 남아 있다고 한
다. 당시 외지에서 '금쟁이'들이 많이 모여 들기도 했고 한때는
200명을 넘어서기도 했다. 그래서 예전 이포에는 뱃사람, 떼꾼,
금쟁이, 장돌이 등이 끊임없이 출입하였기 때문에 시장터에 주막
과 술집이 즐비하였다. 당시에는 술값만 받고 안주 값은 안 받았
다고 한다. 술이 많이 팔리므로 마을 자체에 막걸리 양조장이 있
었다. 외지에서 온 색시들이 있는 색주가도 많았다고 하는데, 이

---

57) 경기도 여주군 금사면 이포리, 최병두 (남, 84세, 선친께서 선주를 지
냄), 2002. 10. 26.

층 기와집이 가장 유명하였다.

통나무로 만든 뗏목이 주로 영월에서 내려왔다. 정선에서 묶은 뗏목은 장마 때에나 내려 왔다. 뗏목이 내려갈 때는 사람들이 "조밥 먹고 돼지우리나 지어라."라고 욕하며 놀려대곤 했다. 떼가 여울에서 돌면 둥글게 말렸다가 결국은 끊어지고 산산조각이 나게 된다. 떼꾼들은 주막에서 15전에 잠을 자고 떼를 고쳐 매고 간다. 술거루도 있었는데, 주모가 배를 가지고 가서 고기와 술을 뱃사공과 떼꾼들에게 파는 것이다. 가끔 떼꾼들이 밥을 먹다 돈 없으면 떼에 싣고 가던 나무 한 토막을 풀어서 주기도 했다.

이포나루의 여울 지역에 물이 줄면 주민들이 가래로 물 밑의 흙을 파서 배나 떼가 지나가게 골을 판 다음 통행세를 받는데 이를 '여울세', '봇세'라고 한다.[58]

3) 원주의 나루

원주시는 남한강의 가장 큰 지류인 섬강이 흐르고 있는 지역이다. 특히 원주시의 서남단에 위치한 부론면은 동으로는 귀래면과 접하고, 서로는 섬강을 경계로 여주군 점동면에, 남으로는 남한강을 경계로 충주시 소태면과 충주시 앙성면에, 북으로는 문막읍과 여주군 강천면에 접해 있어 강원도, 경기도, 충청북도의 삼도를

---

58) 경기도 여주군 금사면 이포리, 정용오 (남, 71세), 2002. 10. 26.
   경기도 여주군 금사면 이포리 수구마을, 김영호 (남, 65세), 2002. 10. 26

연결할 수 있는 지리적 이점을 갖고 있었다.

지금은 남한강변의 전형적인 농촌지역으로 자리 잡고 있지만 남한강 수운의 전성시기에는 강원도 내륙지역으로 흘러드는 섬강의 입구였고, 세곡의 집산지였던 흥원창이 자리하고 있었던 수로 교통의 중심지역이었다.

(1) 흥원창 나루

흥원창이 있었던 흥호리는 남한강과 섬강이 마주치는 지역으로 예전에는 면소재지가 있었던 부론의 본거지였다. 또한 지금의 섬강 입구에는 흥원창 나루가 있어 중부 내륙 교통의 발원지 역할을 충실히 담당하였었다.

흥원창은 우리나라 12조창(漕倉)의 하나로 문막 쪽으로 흘러나오는 섬강이 남한강 주류와 합류되는 곳으로 은섬포(銀蟾浦)라고도 하며, 강원도의 원주, 평창, 영월, 정선, 횡성, 강릉, 삼척, 울진, 평해 등지를 관할하여 세곡(稅穀)을 운반, 보관하던 장소였다. 세미(稅米)의 수송은 국가 재정에 중요한 구실을 하였으므로 고려시대부터 조창의 운영과 안전에 각별한 주의를 하였는데 정종 때에는 흥원창에 200섬씩을 실어 나르던 배 21척이 배치되어 있었다. 매년 2월부터 세미를 수송하게 하였는데, 그 기한은 가까운 거리의 것은 4월까지 수송이 끝나야 하고, 거리가 먼 곳의 것은 5월까지로 하는 한편, 횡령과 부정행위를 방지하기 위해 조정에서는 각 조창에 창감(倉監)을 한 명씩 파견하였다.

홍원창 나루는 강 건너편으로 사람을 건네주는 도강(渡江)의 기능은 거의 없었고, 돛단배들이 짐을 풀고, 머물다 가는 하항(河港)의 역할이 주가 되는 나루였다. 남한강의 커다란 지류였던 섬강은 강원도 내륙지역의 횡성, 평창, 원주, 문막 등의 지역을 연결시켜 주는 역할을 했으므로 이 지역에서 나는 곡물 등은 홍원창 나루에 집결되곤 했다.

마을에는 배를 부리는 선주들도 많았고, 배들도 쌀을 300가마 이상 실을 수 있는 큰 돛단배들이었다. 원주나 횡성, 평창 등지에서 생산된 토산품과 곡물들은 마차에 실어 육로로 수송하거나 작은 배와 뗏목에 실려 물길을 따라 홍원창 나루에 집결되고, 서울의 마포와 뚝섬, 인천 등지에서는 소금과 비단, 각종 생활필수품들이 이곳으로 운송되어 물물교환이 이루어졌다. 따라서 홍원창에는 커다란 장터가 있어 성황을 이루었는데, 육로 교통이 발달된 후 위축되다가 병자년 홍수로 잠긴 이후로는 없어지고 지금의 부론장으로 대체되었다.

일제시대까지는 홍원창 나루에 주막도 굉장히 많아 남한강과 섬강을 오르내리는 뱃사람들의 휴식처가 되었고, 정선, 영월에서 내려오는 뗏군들도 많이 쉬어 갔다고 한다.[59]

(2) 개치나루

강원도 원주시 부론면 법천리와 충북 앙성면 단암리를 잇는 나

---

59) 강원도 원주시 부론면 흥호2리, 도만수 (남, 68세), 2003. 9. 17.

루이다. 지금 단암리에서 식당을 경영하는 정윤종 씨가 70년부터 86년까지 나루를 관리하였다. 96년도에 남한강 대교가 건설되면서 나루가 폐쇄되었다.

개치나루는 충북 앙성면의 여러 지역과, 경기 점동면 삼합리, 안평리, 도리 등지에서 건너오는 사람들이 많았다. 예전에는 20㎞ 이내에 있는 지역은 모두 동일 생활권이라고 보면 되는데, 이러한 삼도의 인근 지역에 있는 사람들이 개치장(부론장)을 이용하기 위해서 주로 건너다녔고, 예전에는 이들 인근 지역에 학교가 부론면밖에는 없었으므로 초등학교, 중학교, 고등학교를 다니기 위해서 건너다니는 학생들도 많았다.

나룻배는 두 척 있었는데, 처음에는 둘 다 목선으로 작은 배는 20명 정원이었고, 큰 배는 50명 정원이었다. 그러다가 1975년도에 철선으로 바뀌어서 나루가 폐쇄되었던 1995년까지 사용하였는데, 타이탄 트럭을 실을 수 있을 정도의 큰 철선이었다. 길이가 10m가 넘고, 넓이가 5m 정도 되었는데, 배 바닥을 이중으로 해서 공기 부력통을 만들어 물에 잘 뜨게 했다. 철선의 경우는 목선보다 오히려 부력을 더 받아 잘 뜨지만 대신 바람을 더 많이 탄다. 목선에서는 노와 삿대를 사용하다가 철선으로 바뀌고는 엔진을 달고 사용하였다.

뱃삯은 돈으로 받고, 주민들의 경우는 모곡을 걷었는데, 1년에 여름에 보리 한 말, 가을에 쌀 한 말을 걷었다. 멀리 있는 사람은 직접 가져다주기도 했지만, 받으러 가기 전에는 안 주는 경우도 많았다. 학생들이 있는 집에서는 별도로 서 말씩 받았다. 예전에는 나룻배를 이용하는 통학생만 100명 가까이 있었으나, 그 후 30-40명으로 줄어들었다. 교통이 편해지면서 각지에 있는 학교를 선택할 수 있기 때문이었다. 외지 사람들은 돈을 받고 건네주었는데, 60년대는 5원, 80년대 30원을 받았다.

나룻배는 한 시간 두 시간 간격으로 사람을 모아서 운용하였다. 큰 장마철에는 '접강천리(接江千里)'라고 배를 띄우질 못했고 보고도 못 건네주는 경우가 있어 안타까울 때도 있었다.[60]

(3) 좀재나루

좀재나루는 부론 법천3리에 속해 있던 나루였는데, 남한강 대교가 놓인 후 비교적 일찍 폐쇄되었다. 사공 일을 보던 분은 박기영 씨로 20대부터 시작하여 40년 넘게 뱃사공 일을 보았는데, 배를 팔고 사공 일을 넘긴 뒤 2년 후에 나루가 없어졌다.

나룻배는 목선 두 척이 있었다. 큰 배는 소를 서너 마리 싣고 사람은 30명 탔고, 작은 배는 예닐곱 명 탈 수 있었다. 나룻배는 사공 소유였는데, 박기영 씨는 할아버지가 쓰던 것을 물려받아 사용하였다. 배가 망가지면 대목을 불러서 수리를 하였는데, 품값은 식사 세 끼를 대주고, 만 원에서 이만 원을 주었다.(지금은 10만 원 정도가 든다고 한다.) 그 외의 자잘한 나룻배의 관리는 사공이 했다.

나룻배는 주로 삿대로 밀었는데, 장마 때는 삿대가 강바닥에 닿지를 않아 노를 저어서 건너갔다. 집에서 나루가 가까웠기 때

---

60) 충청북도 충주시 앙성면 단암리, 정윤종 (남, 67세), 2002. 11. 13.

문에 저녁에는 소리를 지르면 나가서 배로 건네주기도 했다.

이곳 주민들의 경우 주로 농사지으러 앙성 쪽으로 많이 건너다 녔고 간혹 이 근방에서 가장 큰 장인 장호원장을 이용하기 위하여 건너는 경우도 있었다.

뱃삯은 주민들에게는 모곡을 걷는데 여름에는 보리 한 말, 가을에 벼 한 말을 걷는다. 외지인들에게는 돈을 받았는데, 당시에 20원, 30원 정도였다. 물이 많을 때는 건너는 사람이 많기 때문에 한 배에 많이 태울 수 있어 5원을 받는 경우도 있었다.[61]

4) 충주의 나루

충주시는 남한강과 걸쳐 있는 지역이 가장 넓은 지역으로 앙성면, 가금면, 엄정면, 소태면, 동량면 등이 남한강과 접해 있는 지역이다. 이 중 앙성면과 엄정면, 소태면은 충주댐과 조정지댐 아래에 위치한 면이어서 댐 건설 이전의 물길이 남아 있는 지역이고, 가금면은 조정지댐이 있는 지역이지만 수몰지역이 거의 없는 편이다. 그러나 동량면은 충주댐 상류의 지역이어서 수운과 관계된 지역은 거의 다 수몰되었다.

충주는 한강 수운의 전성기에 남한강 수계에서 가장 중심이 되는 지역이었다. 특히 가금면에는 가흥창이 있어 고려와 조선시대에는 경상도와 충청도에서 걷어 올린 세곡의 집산지 역할을 했던

---

61) 강원도 부론면 법천리, 박기영 (남, 88세), 2002. 11. 13.

지역이고, 엄정면의 목계나루는 조선 후기에서 근대에 이르기까지 남한강변에서 가장 큰 상업도시로 발전했던 지역이다.

(1) 샘개나루

샘개나루는 충청북도 앙성면 강천리와 강원도 원주시 부론면 정산리를 연결해 주던 나루였다. 마지막으로 뱃사공을 보시던 임순재 씨는 이미 작고하셨다.

나룻배는 두 척이 있었는데, 한 척은 소를 실을 수 있는 큰 배였고, 다른 한 척은 사람을 대여섯 명 태울 수 있는 작은 배였다.

나루를 이용하는 목적은 강천리의 경우 부론의 장을 가거나 학생들이 통학을 위하여 건너다녔고, 정산리 솔미의 경우는 이 근처에서 가장 큰 소시장이 열리는 장호원장을 이용하기 위하여 건넜다. 장호원장에는 일제시대까지는 7월 백중이 서기도 했었다. 백중이 서면 씨름판, 노래자랑 등이 펼쳐졌고, 투전꾼과 줄타기 광대도 와서 놀았으며, 무당이 와서 굿을 하며 축원해 주기도 했다.

뱃삯은 모곡을 거두었는데, 여름에는 보리 한 말, 가을에는 벼 한 말을 받았다. 모곡을 걷기 위해 뱃사공은 자루를 들고 마을을 돌았는데, 잘 내지 않는 집들도 있었다. 이곳 마을은 원래는 강가에 접해 있었는데, 1972년 홍수 때 잠겨 현재의 위치로 옮겼다.

샘개나루는 도강의 목적뿐만이 아니라, 남한강을 오르내리는 돛단배와 뗏목들이 밤에 쉬어가는 휴식처가 되기도 하였다. 돛단배는 커다란 것은 벼를 300석 이상 실을 수 있는 것도 있었다. 따라

┃그림 14┃ 샘개나루가 있었던 자리

서 마을에 주막집도 있었는데, 한밤중에 떼꾼들이 20 - 30명씩 몰려와서 쉬었다 가는 경우도 있어 주모가 마을을 돌며 밥이나 국수를 빌려서 떼꾼들을 접대하기도 하였는데, 제대로 갚지 않는 경우도 있어 마을 사람들의 미움을 사기도 했다.[62]

샘개나루에서 배를 부리는 사람들은 정월에 떡을 해 놓고 뱃고사를 지내기도 했다. 일 년 내내 물에서 사고 없이 잘 보내게 해 달라고 축원을 하기 위해서인데, 목욕재계를 하고 정성을 다하였다.

---

62) 충청북도 충주시 앙성면 강천리, 홍성표 (남, 87세), 2002. 11. 17.

(2) 덕은이 나루

충북 충주시 앙성면 영죽리와 소태면 덕원리를 이어주는 나루이다. 뱃사공을 보았던 장근홍 씨는 원래 이곳에 살았던 분인데 덕원리로 이사를 가서 그쪽에서 거주했었다. 그 전에 사공을 보았던 분은 이만복 씨이다. 나룻배는 한 척 있었는데, 꽤 커서 보통 20명씩은 탈 수 있었다. 뱃삯은 모곡제로 여름에 보리 한 말, 가을에 벼 한 말을 걷었다.

덕은이 나루에서는 남한강을 따라 올라가는 돛단배와 내려가는 영월 뗏목을 자주 볼 수 있었다. 후곡 마을 앞에는 여울목이 있어 뗏목이 이곳을 지나갈 때는 아이들이 '돼지우리 쳐라' 소리를 치며 장난을 하고는 했는데, 그러면 떼꾼들이 화를 내며 온갖 욕설을 하면서 지나갔다. 나루 주변에 주막도 있었다, 특히 음촌의 세 집담 있는 곳에 있는 빈집이 옛날 주막자리인데 색시 두세 명씩을 두고 장사를 하여 꽤나 장사가 잘 되었다. 주모는 덕은이에서 온 과부였는데, 이 동네에서 영감을 새로 얻어 장사를 했다. 지금은 충주에 나가서 살고 있다 한다. 색시는 삼십 넘은 여자들을 두었는데, 떼꾼뿐만이 아니라 동네에서 나이가 지긋한 사람들도 놀러 가곤 했다. 양촌 이장집 밑으로도 주막이 있어 막걸리도 팔고 노름들도 했지만 색시는 없었다.

덕은리 나루 바로 위의 나루는 조대나루이고, 아래에 있는 나루는 강천나루(샘개나루)이다.

(3) 배개울 나루

충북 충주시 앙성면 능암리와 소태면, 엄정면을 이어주는 나루이다. 소태면 사람들이 주로 우시장이 있는 장호원장과 그 밑에 있는 감곡장을 이용하기 위하여 나루를 건넜고, (장호원장과 감곡장은 장서는 날이 같았다.) 앙성면 사람들은 인근에서 큰 마을인 엄정면에 일을 보러 가기 위해서 나루를 건넜다. 나루가 없어진 지 너무 오래되어서 나루가 어떻게 운용되었는지 기억하는 사람들이 거의 없었다.

옛날에는 서울서 돛단배가 자주 올라왔는데 벼를 300석 정도 실을 수 있는 커다란 배도 있었다. 돛단배에는 주로 소금을 싣고 왔는데, 지금은 모래밭으로 바뀌었지만 예전에는 마을 앞 모래사장이 섬이었고, 그 섬에 집이 두어 채 있어 마을의 창고 역할을 하였다. 마을 사람들이 소출한 벼, 콩 등의 곡물을 그곳에 맡기면 돛단배가 올라오다가 소금과 물물교환을 하여 창고에 보관을 하여 두었다가 배가 내려가면서 수거해 가곤 하였다.

돛단배들은 바람을 타면 잘 올라가지만 ─ 시속 40㎞ 정도가 되었다고 한다. ─ 그렇지 않으면 줄로 끌고 올라가야 했다.

영월의 떼도 많이 내려갔는데, 10바닥, 20바닥씩도 내려갔다. 강바닥이 얕고 여울이 있는 곳이면 마을 사람들이 가래로 물길을 파놓고 내려가는 뗏목마다 골세를 받고는 했다. 떼 한 대당 5원을 받았다.[63]

---

63) 충청북도 앙성면 능암리 대평촌, 구성의 (남, 71세), 2002. 11. 28.

▌그림 15 ▌ 가죽나무배기나루가 있었던 자리

(4) 가죽나무베기 나루

충주시 앙성면 조천리와 소태면 복탄리를 이어주는 나루이다.
원래 도강의 기능도 있었으나 돛단배와 뗏목들이 많이 묵어가던
나루였다. 색시를 둔 주막들도 많아 강 건너에서도 술을 먹으러
많이 건너다녔다. 나루터 위에는 뱃사람들이 지어 놓은 당집이
있었고 그림이 걸려 있었다. 수시로 뱃길의 무사안녕을 빌기 위
해 당제사를 지내곤 했지만 지금은 없어졌다.[64]

충청북도 앙성면 능암리 대평촌, 장만규 (남, 83세, 뗏꾼, 32-40세까지),
2002. 11. 28.

(5) 가흥창 나루

가흥창은 조선시대 충청북도 충주시 가금면 가흥리 남한강변에 있었던 조창(漕倉)으로 좌수참창(左水站倉)이라고도 하였다. 이곳에 수납된 세곡은 남한강 수로를 통해 서울의 용산창(龍山倉)까지 운송되었는데, 두 창의 거리는 260리였다. 현재 충청북도 충주시 금천면의 금천강(金遷江) 서안에 있었던 고려시대 덕흥창(德興倉)의 후신으로 세조 때 창터를 가흥역(嘉興驛) 근처로 옮기고 가흥창이라 칭하였다. 가흥창의 세곡 수납 관할 구역은 경상도의 각 읍과 충청도의 충주, 음성, 괴산, 청안, 보은, 단양, 영춘, 제천, 진천, 황간, 영동, 청풍, 연풍, 청산 등이었다.

이러한 전통은 이후로도 이어져 가흥 지역은 선주들이 많이 살던 지역이었다. 부친이 선주셨다는 안기두 씨의 말에 의하면 배는 2명이 타는 돛단배로 벼를 몇 백 가마 실을 수 있었다. 배는 강가에 대 놓았다가 가을에 곡물을 수확하면 모아서 내려가곤 했다. 바람만 좋으면 내려갈 때는 서울까지 하루 거리밖에 안 되었고, 올라올 때는 사흘 정도가 걸렸다. 서울서는 새우젓, 소금, 석유, 인삼 등을 가지고 간 곡식과 물물교환하여 싣고 왔는데, 해방이 되고 나서 없어졌다. 배가 떠날 때는 뱃고사를 지내는데 배 위에 백설기 시루와 술을 놓고 뱃길이 무사하라고 기원 드린 다음 소지를 올렸다. 소지에는 글자를 쓰지는 않았다.[65]

---

64) 충청북도 충주시 앙성면 조천리 조대, 김병철 (남, 70세), 2002. 11. 28.
65) 충청북도 충주시 가금면 가흥리 하가흥, 안기두 (남, 71세), 2002. 12. 26.

(6) 탑돌나루

가금면 탑평리의 탑정마을에 있는 나루로 건너편은 충주시 금가면 지역이다. 탑평리 주민들은 주로 엄정장을 이용하기 위하여 나루를 건너다녔다. 배는 한 척이 있었고, 면에서 입찰을 해서 낙찰받는 식으로 나룻배가 운용되었다. 뱃삯은 모곡을 걷었는데, 여름에 보리 1말, 가을에 쌀 1말씩을 받았다. 일제시대에는 돛단배가 수시로 왕복했고, 1955년경까지 뗏목도 자주 내려왔다. 근처에 문둥바위 등 물살이 심한 여울이 있어 떼꾼들이 자주 쉬어 갔으므로 주막도 네 군데가 있었다.

뗏목이 자주 다닐 때는 마을에도 떼꾼이 있어 목상과 이야기가 잘 되면 영월까지 올라가 떼를 매서 서울까지 다니곤 했었다.

예전에는 어업에 종사하는 분도 많아 낚거루를 타고 나가 주낙을 했다. 주낙은 한 몽뎅이가 100m 정도 되었다. 잡히는 어종은 준치, 쏘가리, 메기, 뱀장어, 빠가사리, 눈치, 자라 등이다. 겨울에는 강이 얼어 얼음을 뚫고 무시로 눈치, 준치를 잡기도 하였다.

배를 부리는 사람들은 정초에 배에 술, 떡 등을 진설해 놓고, 배의 이물과 고물에 깃대를 세우고 뱃고사를 지냈다. 또한 정월 14일 밤에는 밥과 무나물을 하얗게 무쳐 바가지에 담아 물에 흘려보내며 가족의 무사와 안녕을 기원했는데 이를 용왕제 혹은 어부심이라고 했다.[66)]

---

66) 충청북도 충주시 가금면 탑평리 탑돌마을, 이성귀 (남, 70세), 2002. 12. 29.
충청북도 충주시 가금면 탑평리 탑돌마을, 오상덕 (남, 66세), 2002. 12. 29.
충청북도 충주시 가금면 탑평리 탑돌마을, 김한수 (남, 65세), 2002. 12. 29.

(7) 안반네나루

반천마을은 '한반네', '안반네' 등으로 불렸다. 예전에는 90호 정도 규모의 마을이었으나 병자년 홍수와 72년 홍수, 90년 홍수 이후 약 20호 정도로 축소되었다. 이곳에는 예전에 '안반네나루' 가 있었는데 목계에서 정박하지 못한 소금배들이 이곳에 정박하였을 뿐만 아니라 뗏목들도 많이 대었다. 따라서 주막거리도 형성되어 있었다. 근처에 있었던 여울을 '문둥여울'이라 한다.[67]

┃그림 16┃ 목계나루가 있었던 자리

67) 충청북도 충주시 가금면 탑평리 안반내마을, 이종수 (남, 69세, 34년 생, 현 대동계장), 2002. 12. 29.

(8) 목계나루

목계나루는 엄정면 목계리와 가금면을 연결하는 나루로 인근에서는 가장 큰 나루였다. 트럭을 운반할 수 있는 커다란 나룻배도 있었다.

그러나 목계나루의 진정한 역할은 이러한 도강(渡江)에 있었던 것이 아니라 상업포구의 역할이었다. 목계는 강원도, 경상도, 충청도에서 나오는 곡물과 서울 마포에서 오는 소금, 새우젓, 기타 생활필수품을 물물교환하던 상업의 요지였다.

당시 서울서 올라오는 배는 황포돛단배로서 백미를 200석 정도 실을 수 있는 규모였는데, 서울에서 일주일 정도면 올라왔고, 모든 짐을 이곳에서 하역한 후 다시 곡물들을 싣고 삼사 일 걸려 서울에 도착하였다. 목계로 들어오는 상품은 광목, 비단, 포목, 석유, 고무신, 소금, 건어물, 양잿물 등이 있었고, 나가는 상품으로는 쌀, 콩, 조, 옥수수, 감자, 참깨, 무, 배추, 참외, 수박 등이 있었다. 목계에 하역된 물품들은 도매상 혹은 위탁상에게 넘겨져 창고에 넣어 두었다가 중부 지방 각처에서 모여든 상인에게 판매되어 우마차 등으로 운반되었다고 한다. 또한 목계는 강원도 영월에서 내려오는 뗏목의 길목이기도 했었다.

따라서 이곳 목계에는 항상 사람들이 모여들어 성시를 이루어 이들이 머물다 가는 주막도 많았는데, 우마가 묵을 수 있는 마방집도 따로 있었고, 기생들이 기거하면서 기예와 굿을 배우던 권반집도 있었다.[68]

또한 목계에서는 이러한 경제적 기반을 지속적으로 뒷받침하기 위하여 목계줄다리기와 별신굿을 성대하게 거행하여 인근 주민들의 발걸음이 끊이지 않는 곳이기도 하였다.

(9) 하청나루

하청나루는 소태면 중청리 하청마을에 있는 나루로 건너편은 가금면 가흥리이다. 주로 가흥리 사람들이 엄정장을 이용하기 위하여 건너다녔다. 뱃삯은 모곡을 걷는데 봄에 보리 한 말, 가을에 벼 한 말을 걷었다.[69]

(10) 복탄나루

복탄나루는 복여울나루라고도 하는데, 소태면 복탄리에 있는 나루이다. 건너편은 앙성면 조천리이다. 나루는 주로 이곳 주민들이 앙성에 있는 용포장을 이용하거나 능암에 있는 광산에 가기 위하여 이용하였다. 복탄마을은 100여 호 정도가 살고 있는데, 72년 장마로 강변에 접해 있던 마을이 잠기게 되어 새 마을로 이동하였다. 이때 나루도 폐쇄되었다.

마지막 사공으로 7-8년 나루 일을 보았다는 권영호 씨에 의하면 나룻배는 1척이 있었고, 19명 정도가 탈 수 있었다. 뱃삯은 주

---

68) 충청북도 충주시 엄정면 목계리, 김현해 (남, 50세), 2003. 1. 24.
69) 충청북도 충주시 소태면 중청리 하청마을, 노한식(남, 현 이장, 54세), 2003. 1. 25.

민의 경우 모곡을 걷었는데 여름에 보리 한 말, 가을에 벼 한 말
이었다. 외지인의 경우 200원에서 500원 정도 돈으로 받았다.

마을에 장삿배를 부리던 선주도 있어 벼와 콩 등의 곡물을 걷
어 서울로 가서 소금, 새우젓 등과 교환해 오기도 하였다.

뗏목도 많이 지나다니고, 앙성에 광산도 있어 이곳까지 사람들
이 붐비어 영업집(주막)도 몇 채 있었다.[70]

(11) 덕은이나루

덕은이나루는 소태면 덕은리에 있는 나루로 건너편은 앙성면
강촌이다. 옛날에는 앙성면 강촌에 면소재지가 있어 꽤 큰 지역
이어서 많이 건너다녔다. 72년 홍수에 강촌마을이 범람하여 인근
양촌마을로 이주해 가는 바람에 마을이 없어졌다. 나룻배는 한
척 있었는데, 그리 크지 않았다. 뱃삯은 주민의 경우 모곡으로 걷
고, 외지인의 경우에는 돈을 받았다. 모곡은 봄에 보리 한 말, 가
을에 벼 한 말을 받았다.

덕은이나루에는 예전에 짐배를 통한 교역도 활발하여 시장도
섰다고 하는데, 그 장터자리는 지금 밭으로 변하고 말았다.

---

70) 충청북도 충주시 소태면 복탄리, 권영호 (남 67세), 2003. 1. 25.
   충청북도 충주시 소태면 복탄리, 이종화 (남 61세), 2003. 1. 25.

5) 제천의 나루

제천시에서 남한강에 접해 있는 면은 한수면, 청풍면, 수산면 등이다. 그러나 충주댐 건설 이후 이들 지역 중 원래 나루가 있었던 지역들은 모두 수몰되고 마을 주민들은 타 지역으로 이주하였다. 특히 한수면의 면소재지였고, 남한강 수운의 중심 지역이었던 황강의 경우는 전 지역이 수몰되어 송계리의 이주 단지로 행정기관과 주민들이 옮겨오게 되었다. 청풍도 예외는 아니어서 예전 영화를 누리던 읍소재지는 수몰되고 지금은 물태리에 자리 잡고 있다.

따라서 이들 지역의 수운에 대한 연구는 이전 상황을 기억하는 마을의 어른을 수소문하여 제보를 통하여 간접 확인하는 방법밖에 없는데, 그동안 조직되었던 향우회 활동도 점점 미진하여지고, 수도권 지역으로 개별적으로 이주한 분들도 많아 쉽지 않은 상황이 되었다.

(1) 황석나루[黃石津]

황석리 본동에서 동쪽으로 약 1㎞ 지점에 있는 나루로 광의리로 건너가던 나루이다. 황석리 대덕산 아래 구들벼루의 강은 수심이 깊어서 뗏목을 대기도 하고, 상선이 정박하여 곡물과 해산물을 교역한 곳이다.

1935년경 제천과 충주 간 도로가 개통되면서 차량을 도선하는 찻배도 개설되었다. 최초의 찻배는 차량 한 대를 선적할 수 있었으나 군청에서 선박을 건조하면서 차량 2대를 승선시켰다. 찻배의 크기는 약 30m의 길이에 20톤으로 버스와 택시를 동시에 도선하였는데, 뱃사공 6명이 삿대질하였다.

1972년 이전에는 군청소유로 건조한 찻배를 청풍면에서 입찰을 대행하여 낙찰자가 1년간 운행했다. 1960-1972년까지 류인순 씨는 12년간 입찰을 받았으며 그 사이 광의리 엄만출 씨가 1회 입찰로 선박을 관리했다. 1972년 대홍수에 목선의 찻배는 떠내려 가고 서울 잠실대교를 건설하기 전에 도선하던 철선을 구입하여 수몰 전까지 사용했다. 이 배에 기관배가 딸려 왔는데, 낡아서 사용을 하지 못하고 12마력 엔진의 기관배를 부산에서 주문하였으나 처음에는 사용법을 몰라서 그냥 세워놓았다. 기관배는 핸들이 아니고 키를 잡아서 운전하는 것으로 넓적한 철판을 좌우로 움직여서 도선했다. 박삼성 씨가 기관배의 조작법을 익혀서 기관배에 찻배는 2명이 전후에서 2명이 운행했다. 수몰 전 뱃삯은 버스 1300-1500원, 일반인 뱃삯은 200-300원, 급한 사람은 500원을 받고 건네주었다.

황석나루로 도선하는 완행버스는 8시, 10시, 1시, 3시, 5시 간격으로 충주 제천 간 버스가 도선(渡船)했다. 사공은 식사할 사이도 없이 찻배를 건너야 했기 때문에 인도선은 장마철을 제외하고는 주민이 직접 도선하였다. 인도선은 50인용으로 학생, 장사꾼, 주민 등이 왕래하였으며, 황석리 주민의 뱃삯은 여름에 보리 한 말, 가을에 수수, 메밀, 콩 등을 냈다. 황석나루의 인도선과 찻배는 1983년 12월까지 운행하였다.

황석나루 선주와 뱃사공은 정초에 배 위에서 떡과 주과포를 차

리고 용왕제를 지내고 제물을 강에 던진 후 보름까지 배를 무사
히 도강할 수 있도록 배에 상을 차리고 그 위에 그릇을 비치하여
주민이 돈을 넣는 풍속이 있었다. 지금은 강변이 수몰되어 옛 모
습을 찾아볼 수 없다.[71]

(2) 청풍나루

원래 청풍나루는 한벽루 위에서 약 500m 위에 읍상리와 교리
를 도선하는 나루터였다. 나룻배는 60-70명이 승선할 수 있었다.
강폭은 약 250m로 여울이 심하고 수심이 얕아서 나룻배는 삿대
를 이용하고 수량이 많으면 노를 저어서 도선하였다. 나룻배는
교리의 학생이 통학하고 주민은 땔감을 팔러 청풍장에 가고, 읍
리 주민은 나무를 하려고 배를 타고 다녔다. 뱃삯은 모곡제로 봄
에 보리쌀 1말, 가을에 벼 1말을 도선공에게 주었다.[72]

그러다 현재의 청풍나루는 제천시내에서 24km 지점에 청풍면
읍리 39번지 4호에 있는 충주관광선 청풍나루휴게소 선착장을 지
칭한다. 선착장 바지선은 1987년 7월에 진수, 재원은 무게 677톤,
길이 41.28m, 너비 15m, 물속에 잠긴 깊이 2m이다. 선착장은 2층
으로 아래층은 매표소, 휴게실, 기념품점, 매점, 스낵코너, 화장실
등이 있고 2층은 음식점이다. 생활용수는 바지선 아래 탱크에 저
장 후에 제천위생사가 수거해 간다. 바지선은 '장회나루호'로 처

---

71) 『충주댐수몰마을사』, 제천편, 충주댐수몰마을사편찬위원회, 2001. 423쪽.
72) 충청북도 제천시 청풍면 물태리, 장경희 (남, 80세), 2003. 1. 26.

음에 1987년 장회나루에 있었으나 썰물이 심하여 1989년 청풍대교 밑으로 이전하여 2년간 정박했으나 물살이 심하여 1991년 지금의 자리로 이전하였다.

(3) 황강 나루

황강 동북쪽에 있는 나루터로 도강(渡江)의 역할뿐만 아니라 짐배가 소금과 어물을 풀고 곡물과 바꿈질하는 커다란 포구였다고 한다. 이 황강 나루로 말미암아 황강리는 남한강에서도 굉장히 번성하던 지역이었다. 짐배뿐만 아니라 뗏목도 쉴 사이 없이 운행하여 인근에 주막도 많았다고 한다.[73]

6) 단양의 나루터

단양은 예전 죽령을 통해 연결되는 경상북도의 육로가 남한강과 마주치는 지역이어서 남한강 수운의 중심이 되었던 지역이었다. 그러나 단양 역시 충주댐 건설로 수몰 지역이 많아 예전의 모습을 찾아보기 힘들다. 현재의 단양읍도 신단양으로 불리며 이전 읍소재지였던 단성면 일대가 충주댐으로 인해 수몰되자 읍소재지를 단성면에서 지금의 위치로 변경한 것이다.

예전에는 독립된 현으로 소백산을 경계로 경상도와 인접해 있

---

73) 충청북도 제천시 한수면 송계리, 배용준 (남, 82세), 2003. 2. 29.

┃그림 17┃ 도담나루. 현재 운행 중인 나루이다.

고, 남한강 물길을 타고 영월과 연결되던 수운의 중심 나루 영춘
은 현재 단양군에 편입되어 있다.

(1) 도담리 나루

도담리는 도담삼봉을 끼고 흐르는 물줄기를 안고 마을이 위치
해 있었는데, 아직 단양읍 내에서 이 마을에 이르는 도로가 완공
되지 않아 그동안 군의 지원 아래 나룻배를 운영한다. 군에서 지
원금이 나오기 전에는 모곡을 해서 벼나 보리를 한 말씩 걷었지
만 지금은 마을 주민들의 경우 뱃삯을 지불하지 않고, 외지인이
건널 때만 현금으로 지불한다.

나룻배는 총 두 척이 있다. 하나는 사람을 건네는 도선배로 정

원이 열한 명이고, 다른 하나는 차를 실어 나르는 차선배인데, 마을에 15가구밖에 살고 있지 않기 때문에 충분히 운용될 만하다고 한다. 예전에는 강을 건너려면 소리를 지르며 사공을 불러야 했지만 요즘은 핸드폰이 있어 전화만 걸면 된다.

뱃사공은 매년 12월 마을 주민들의 투표를 거쳐서 선정되는데, 중간의 공백은 있지만 현재의 사공 최병건 씨가 10년 정도 계속 사공을 맡고 있다. 군에서 지원되는 비용에는 실제 기름값과 수리비까지 포함된 것이기 때문에 근근이 먹고 살만 해서, 어업도 허가를 내서 겸하고 있고, 허가를 낸 어부들은 두 명이 있는데 주로 잡히는 어종은 잉어와 숭어다.

최병건 씨는 매년 음력 정월 보름에 뱃고사를 지내는데, 일이 있을 경우에는 제사를 미루어 이월 초하루에 지낸다. 배에 고사상을 차려 놓으면 주민들이 조금씩 돈을 내는데 뱃고사를 지낼 때 주민들을 위해 소지를 올려 주기도 한다. 제사에 쓴 통북어는 실타래와 함께 선실에 매달아 놓는다.[74]

(2) 상리 나루

영춘 현청이 있었다는 부채형국의 상리마을은 현재 예전의 모습을 찾아보기 힘들다. 영춘 현청이었던 관아는 6·25사변으로 소실되었고, 조선 초기 건축되었다는 영춘 향교가 남아 있을 뿐

---

74) 충청북도 단양군 단양읍 도담리, 최병건 (남, 42세, 도담리 뱃사공), 2004. 1. 24.

이다. 마을을 끼고 남한강이 흐르고 있는 상리마을은 수운의 전성시기에는 뱃길문화가 번성했던 지역이었다. 광나루에서 올라오는 소금배와 오대산과 소백산에서 나온 뗏목이 해동과 동시에 늦가을까지 오르내렸고, 이로 인하여 끊임없이 서울과 직접 연결되며 물물교환이 이루어져 개화문명의 적응이 빨랐던 지역이다. 마을 앞으로는 남한강을 바라보고 있는 태화산 자락이 평화스럽게 위치하고 있는데, 강변에는 수백 년 자란 느티나무가 우람하게 마을을 지켜주고 있어 느티마을이라 불리기도 한다. 강 건너에는 북벽이 바라보이는데, 한강남안에 깎아지른 듯한 석벽이 길게 병풍처럼 펼쳐져 봄철의 철쭉, 가을에는 가을단풍으로 석벽을 장식하여 예전 뱃놀이를 즐기던 곳이었다.[75]

(3) 하리 나루터

하리는 면소재지와 접한 마을로 앞에는 남한강이 흐르고 뒤로는 밤재가 둘러 있으며, 앵두꽃과 복숭아꽃에 묻힌 풍경이 마치 선경을 방불케 한다고 하여 도원동이라 불려 왔다. 이곳 하리 나루에는 서울에서 올라온 장삿배가 소금이나 필수품을 인근의 농산물과 교환하였기 때문에 무곡장이 크게 벌어진 적도 있었다.

1972년 임자 홍수가 마을을 덮쳐 지금은 강안에 방수제방 시설이 마을과 강을 둘러싸고 있다. 이후 마을 주민들이 이주하여 밤재 옛터에 새 마을이 건설되었다.

---

75) 충청북도 단양군 영춘면 상2리, 엄기준 (남, 72세), 2004. 3. 19.

┃그림 18┃ *영춘 하리 나루터가 있었던 곳*

자동찻배까지 있었던 하리나루는 1990년 영춘대교가 놓이면서 없어졌다. 현재 장이 성행하고 소백산에서 나오는 목재를 실어 나르던 복잡한 모습은 찾아볼 수 없지만 하2리에는 온달산성과 온달 동굴이 있는 온달국민관광단지가 조성되어 관광사업에 박차를 가하고 있다.[76]

(4) 용진 나루

영춘의 용진나루는 뱃길문화의 기착지였고 또 출발지역이기도 했다. 일제시대에는 만주의 콩깻묵을 배급받기 위하여 경상, 충청, 강원의 3도의 사람이 몰렸고, 1950년대는 소백산의 원시림이 벌채되어 서울로 가면서 전국의 목상과 뗏사공이 모였던 곳이다. 또한 100년 전에는 의병들이 이곳 여울을 도강하기도 했다.

---

76) 충청북도 단양군 영춘면 하리, 최재범 (남, 65세), 2004. 3. 19.

이곳을 용진나루라 부르게 된 이유는 다음과 같다. 마을 앞을 커다란 용이 꿈틀거리며 용탄의 소(沼)로 올라가는 형극을 따서 용자를 썼고 물과 배가 있어 나루진자를 써서 마을 명칭이 생기게 된 것이다. 예부터 단양의 일 병두, 이 느티, 삼 덕천이란 유행어가 지금까지 전해오고 있다.77)

7) 영월의 나루

영월은 정선에서 내려오는 동강과 평창에서 내려오는 서강이 합쳐서 남한강 본류를 이루는 지역이다. 예전에는 서울에서 소금, 젓갈류와 생활필수품을 싣고 올라오는 돛단배의 종착지였으나 정양리 발전소의 건설 후 장삿배가 끊겨 뱃길로의 역할은 일제시대에 이미 중지되었다. 그러나 정선서 내려온 뗏목은 수문을 타고 1960년대까지 이어졌다. 특히 덕포와 맛밭은 뗏목을 다시 묶고 서너 바닥을 합쳐서 내려 보내던 지역이었다.

(1) 맛밭 나루터

대야리의 맛밭나루는 각동리의 느티나루로 건너는 곳이었다. 면에서 입찰을 받은 뱃사공이 나룻배를 운영하였는데, 각 주민들에게 벼, 보리 등으로 모곡을 걷었다. 나룻배는 모두 두 척으로 한 척은 30명 정도가 탈 수 있는 인도선이었고, 또 한 척은 트럭

---

77) 충청북도 단양군 영춘면 용진리, 윤수경 (남, 군의원), 2004. 3. 19.

두 대를 실을 수 있는 찻배였다. 각동교가 생기고 나서 나루는 자연 없어지고 말았다.

맛밭나루는 도선(渡船)의 역할뿐 아니라 장의 역할도 충실히 하던 나루였다. 강원과 충북의 접경 지역이기도 한 이곳은 60~70년 전만 해도 황포돛단배가 올라와서 어물, 소금 등의 생활필수품과 곡식을 물물 교환하던 곳이다.

또한 맛밭나루는 정선에서 영월에 이르는 골안떼의 종착지였다. 정선서 험한 여울을 거치며 내려오는 골안떼는 맛밭 바로 위의 정양리 발전소를 통과하게 되는데, 이곳은 떼가 한참동안 잠겼다가 떠오르는 위험한 지역이었으므로 인명 피해도 잇달았다고 한다. 앞사공은 떼가 물살에 쏠려 앞동가리가 잠기면 뒷사공이 있는 쪽으로 달려가거나 뗏강다리를 잡고 떼에서 떨어지지 않게 물속에서 버텨내야 했었다. 아무튼 이 지역을 통과하면 떼가 부서질 만한 위험한 여울은 없으므로 정양리 바로 밑인 맛밭나루에서 떼를 고쳐 매고 다시 네 바닥을 합쳐서 서울을 향하여 출발했다.[78]

(2) 덕포 나루터

영월읍 덕포리는 '덕개'라고도 불렸는데, 대야리 맛밭과 마찬가지로 정선이나 상동쪽에서 내려온 뗏목을 다시 엮는 지역이었다.

---

78) 강원도 영월군 하동면 대야리, 이대희 (남, 44세), 2003. 4. 19.
　　강원도 영월군 하동면 대야리, 허송원 (남, 72세), 2003. 4. 19.

또한 덕포리는 (일제시대 정양리 발전소가 생기기 전에는) 서울 마포에서부터 소금과 어물 등 생활필수품을 싣고 올라오는 황포 돛단배의 최종 종착점이기도 하였는데, 덕포 자체에서 운용하는 짐배들도 있었다. 이 짐배들은 영월의 특산품인 담배 등을 싣고 서울로 내려갔고, 이러한 배를 제작할 때에는 많은 사람들이 모여들어 흥청거렸다. 돛단배는 여름철 홍수가 나서 물이 많을 때 출범하게 되는데, 배에다 담배·콩 등 농산물을 가득 싣고 경건하게 고사를 지낸 다음 출범하게 된다.

(3) 삼옥리 나루터

영월읍 삼옥리에는 제남문이라는 큰 바위 두 개가 마치 문처럼 강 가운데에 솟아 있고 그 주위를 여울이 쏜살같이 흘러간다. 떼가 물길을 잘못 들면 제남문 쪽으로 쏠리게 되는데, 중간으로 통과하지 못하면 양 옆의 바위에 떼가 걸려 파손된다. 일제 시대 뗏목이 내려가게 제남문 바위의 일부를 폭파하였다 한다. 그 후로 소금을 실은 배는 제남문을 돌아서 올라가고, 뗏목은 통과해서 내려갔다. 사고가 유난히 많이 나는 지역이었고, 그 밑에 있는 둥글바위 지역에는 주막집이 있었다.

(4) 거운리 나루터

거운리에는 강 건너의 장화동으로 사람을 실어 나르는 나루터가 있었다. 거운리의 홍원도 씨는 이 나룻배를 3년 정도 운영했었다. 뱃삯은 모곡을 걷었는데, 일 년에 곡식 한 말 정도였고, 건너편에 장화분교가 있어 학생들이 자주 건너다녔기 때문에 학생이 있는 집은 두 말을 걷었다. 나룻배는 목선이었고 72년 수해이후 없어졌다.

거운리까지 작은 배는 올라올 수 있었기 때문에 마을에서 짐배로 운용하는 배도 한두 척이 있었다. 1톤짜리 목선으로 폭이 2m에 길이가 4m 정도였다. 3~4톤을 실을 수 있는 황포돛단배가 덕개 등지에서 짐을 풀어 놓으면 작은 배가 그 상류 지역까지 짐을실어 나르며 물물교환을 하는 그런 방식이었다.

거운리는 동강과 정선의 조양강이 마주치는 지역이므로 여울도많이 있는데, 정선 아라리에 나오는 된꼬까리가 있는 지역이다. 된꼬까리는 어라연 바로 밑에 물이 휘도는 지역인데, 물가에 큰 바위가 튀어나와 있어서 급물살을 타고 흘러내려가다 자주 부딪치는지역이었다. 실제 떼꾼 하나가 된꼬까리에서 바위에 부딪쳐 실종된 적이 있었는데 갈수기에 가보았더니 팔, 다리 뼈는 쓸려 내려가고 허리뼈만 바위에 붙어 있더라는 이야기도 전하고 있다.[79]

된꼬까리를 지나면 정선 아라리 가사에도 나오는 떼꾼들의 안식처 만지 나루가 있다. 만지 나루에는 전산옥이라는 유명한 주모가 있어 구수한 아라리 가락으로 떼꾼들의 심신을 달래주었다하는데, 지금 그 주막터는 밭으로 변해서 소가 한가로이 풀을 뜯고 있었다.

---

79) 강원도 영월군 영월읍 거운리, 홍원도 (남, 70세, 영월 떼꾼), 2003. 10. 10.

만지나루 건너편에는 길운이라는 마을이 있었는데, 지금은 주민들이 살지 않고 영월에서 병원을 경영하는 사람의 별장이 있을 뿐이라 하는데, 강을 건너기 위한 줄배가 강변에 놓여 있다.

8) 정선의 나루

정선은 골지천, 송천, 오대천, 동대천, 동남천 등의 지류가 모여 드디어 남한강 본류의 출발점인 조양강이 되어 흐르는 지역이다. 떼를 엮어 뗏목의 벌류가 시작되는 지점이라는 점에서 남한강 수운의 출발점이라 하겠다.

정선의 조양강은 남한강 본류의 최상류로 유량이 많지 않고 수심도 얕을 뿐 아니라 험한 여울이 곳곳에 있어 소금과 새우젓을 실은 돛단배가 왕래하던 지역은 아니다. 돛단배의 소강 지점은 예전에도 영월 덕포까지였다. 그래서 정선에서는 서해안의 어염이 공급된 것이 아니라 백봉령을 넘어 동해안의 어염이 공급되었던 듯하다.

그러나 조양강의 수심이 강줄기를 사이로 마주보고 있는 마을을 걸어서 건널 수는 없는 정도였으므로 곳곳에 나루터가 있었고, 이 나루터에서는 도강(渡江)뿐만이 아니라 산판에서 흘려보낸 목재를 쌓아놓았다가 뗏목으로 엮기도 하였다.

(1) 아우라지 나루

아우라지 나루는 정선군 북면 여량리에 위치한 나루로 골지천과 송천이 합수하는 지역이라 하여 아우라지라 불리고 있고 이후의 물길은 조양강이 되어 동강으로 흘러내린다. 이곳 아우라지는 뗏목이 엮여져 벌류가 되는 시원이 된다.

아우라지 강변에는 지금도 나룻배가 놓여 있어 양쪽 강변에 살고 있는 여량리 주민들이 이용하지만 나루 밑으로 다리가 건설되어 평소 이용하는 사람들이 많지는 않고 여름철 이곳을 찾는 관광객들이 주로 이용한다고 한다. 나룻배는 군에서 제작한 것으로 그동안 수해로 수차례 유실되어 새로 만들곤 했지만 옛 모양을 대체로 간직하고 있어 나룻배를 연구하는 데 중요한 자료가 된다. 현재 놓여 있는 나룻배는 2003년 6월에 제작된 것으로 길이 8m, 폭 2m의 크기로 20-30명 정도 승선할 수 있다. 길이 5m 정도의 노와 4m 정도의 삿대도 있으나 평상시에는 사용하지 않고, 강변 양쪽을 가로지르는 줄이 매어져 있어, 사공은 줄을 당겨서 배를 이동시킨다.

예전에는 봄, 가을로 주민에게 모곡을 걷어 운행했으므로 입찰을 받아 사공을 정했고, 지금은 요금을 500원씩 받고 있지만 관광객들이나 추억거리로 탈 뿐 주민들은 거의 이용하지 않아 하루 만 원 벌이도 채 되지 않아 사공을 하려는 사람이 거의 없다. 다만 아우라지 뗏목 축제기간에는 관광객을 위하여 요금을 받지 않고 군에서 60만 원의 지원금이 나온다고 한다. 현재 사공을 보시는 분은 최종인 씨[80]이다.

---

80) 강원도 정선군 북면 여량리, 최종인 (남, 69세), 2003. 8. 1.

|그림 19| 정선 아우라지 나루터

　겨울에는 나룻배를 운행하지 않고 강변에 나무와 솔가지 등을 이용하여 섶다리를 놓는다.

　아우라지 강변에는 아우라지 처녀상과 주변 경관을 확인할 수 있는 정자가 놓여 있고, 아리랑 전수관이 있어 관광객이 자주 찾았던 곳이다. 특히 8월 초에 열리는 아우라지 뗏목 축제는 꽤 성황리에 치러지던 행사였다. 하지만 최근 잇따른 홍수 피해로 경관이 많이 열악해져 있어 관광객의 수효가 급감하고 있는 실정이다. 정선군에서는 이 지역의 관광 활성화를 위하여 아리랑 민요 박물관과 뗏목 체험관을 계획 중이라 하지만 부지만 확보되어 있을 뿐 구체적 일정이 정해지지는 않았다.[81]

---

81) 정선군청 관광문화과. 2003. 8. 1.

(2) 나전의 나루

정선군 북평면 나전은 14개 리로 되어 있는 마을로 조양강과 오대천이 합수하는 지점에 위치하고 있다. 지금은 북평리에 면소 재지가 있지만 예전에는 강 건너편인 남평리에 면소재지가 있고 이 지역을 경유하여 읍내로 가야 했다. 반대로 북평리에는 시장 이 섰으므로 남평에서도 주민들이 수시로 강을 건너다녔다. 그래 서인지 이 나전 지역에는 장열나루, 북평나루, 종산나루 등 나루 가 많았다.[82]

북평의 경우 10여 년 전 지금의 다리가 건설되기 전까지 나루 가 있었는데, 김동규 씨가 마지막 뱃사공으로 6년간 나루를 보았 다 한다.[83] 나룻배는 면에서 제작한 인도선 한 척이 있었는데, 12 명 정도 탈 수 있는 작은 크기였지만 30명 정도는 탈 수 있었다. 잘 될 때는 면에서 입찰을 받아 봄에 쌀 다섯 되씩 모곡을 걷어 운행하였지만, 그 후 건너는 사람이 줄어들면서 1인당 30원, 50 원, 100원씩 요금을 올리며 받았다. 겨울에는 마을에서 통나무 다 리를 만들어 건너다녔는데, 2월 말쯤 해동이 되면 겨우내 강변에 올려져 있던 배에 뱃고사를 지낸 다음 다시 운행하였고, 여름에 물이 많을 때는 운행이 중단되기 일쑤였다. 뱃고사는 동네이장이 술과 과일을 놓고 간단히 지내는 편이었다. 근방에서는 아우라지 외에는 북평나루가 가장 컸고, 장열과 종산에 있는 나루는 비교

---

82) 강원도 정선군 북평리, 고광윤 (남, 60세, 전 이장님), 2003. 8. 2.
83) 강원도 정선군 북평리, 김동규 (남, 67세), 2003. 8. 2.

적 한산한 나루였다고 한다.

나전의 나루들은 오대천에서 내려오는 목재를 모아 뗏목을 엮
는 지역이기도 했다. 한때 떼를 탔다는 임동규 씨[84])에 의하면 당
시 이 지역의 떼꾼은 10여 명이 있었고, 봄부터 가을까지 세 번
정도 탈 수 있었다. 당시의 운송료는 뗏고전이라고 불렸는데, 쌀
한 말이 100원이었을 때 1500원 정도를 받았다고 한다. 주변에
나무를 베는 산판이 많아 근방의 나루가 있는 지역이면 모두 떼
를 묶어 내려가곤 하였는데, 광하리를 지나면 범여울과 황새여울
등 험한 여울이 수두룩하여 아무나 떼를 탈 수 있는 것은 아니고
물길을 잘 아는 사람들만이 가능했다.

3. 남한강 나루 문화의 번영

남한강 유역은 유구한 역사만큼 다양한 민속문화가 깃들어 있
는 지역이다. 그중 주목되는 것은 강변이라는 지역적 특성에서
오는 민속현상이다.[85]) 물론 뱃놀이와 어로민속 같은 것도 있지만,
남한강의 마을에는 물길의 안전을 기원하는 제사의식이 두드러진
다는 것이다. 동제당이 강변을 바라보고 위치한 마을이 많고, 원

---

84) 강원도 정선군 북평리, 임동규 (남, 67세), 2003. 8. 1.
85) 이정재 외, 「남한강 주변의 민속문화」, 제14회 중원문화학술대회, 예
    성문화연구회, 2002.
    이창식, 『충북의 민속문화』, 충북학연구소, 2001.

주 부론면 흥호리의 자산당제, 충주 앙성면 조천리의 가죽나무배기의 당처럼 주민이 아닌 뱃사람들이 제를 지내는 곳도 있다. 배가 있는 집에서는 정초에 뱃고사를 지내며, 가족의 안전을 위해 어부심을 드린다. 이러한 강변 민속은 나루 지역에서 자연스럽게 형성되는 민속현상이라고 할 수 있다.

그런데 남한강 수운의 성장은 이러한 소박한 민속현상에 변화를 가져오게 된다. 중심 나루에 돛단배가 들어와 갯벌장이 설 때면 각처에서 모여든 사람들로 붐비게 되고, 사람들이 모이면 각 지역의 문화가 교류되고 상업포구 나름의 새로운 문화가 형성되는 것이다.

남한강 중심 나루의 민속 문화 중 두드러지는 것은 제사와 놀이가 병행되는 대규모의 민속행사가 많다는 것인데, 이포의 삼신당제와 목계의 별신제가 그 대표적인 형태이다.

이포는 조선시대에 수참을 두어 첨선 15척과 별도의 도선(渡船)을 두었던 곳이다. 『태조실록』에 내시별감을 보내 이포신에게 제를 지냈다고 한 기록이 보이므로[86] 이포의 삼신당은 그 유래가 상당히 오래되었고 조운을 통해 부각된 곳임을 알 수 있다. 삼신당에는 서낭, 용왕, 산신도사 등 삼위를 모셨고, 제사는 3년마다 음력 2월경에 좋은 날을 받아 거행하였다. 제삿날이 되면 무당과 박수를 불러 굿을 하는데, 굿은 사흘간 계속되었다. 이 동안 난장을 트고 줄광대도 불러 놀이판을 벌인다. 이러한 굿을 마을에서

---

86) 『태종실록』, 권28, 14년조.

는 당굿, 치성, 별신, 고창이라고 다양하게 불렀다. 이 기간동안에는 주민들뿐만 아니라 외지에서 구경 온 사람들도 많이 모여 인산인해(人山人海)를 이루었다.[87]

목계에서는 산신, 용신, 서낭각시를 모신 부흥당이 있어 매년 음력 정월 아흐레 경에 당고사를 지낸다. 예전에는 3년 돌이로 별신굿이 거행되었다 한다. 별신굿은 큰 무당을 불러 지내는데, 사월 초파일 나루터에 임시 당집을 짓고 부흥당에서 강신제를 지낸 후 강변으로 강신된 신을 모시고 영신굿을 하고 논 다음 송신굿을 하여 굿을 끝마친다. 이때에 사당패도 들어와 관등놀이와 박첨지놀이 등을 하였고 씨름판도 벌어지고 난장도 텄다고 한다.[88]

---

87) 경기도 여주군 금사면 이포리, 이진우 (남, 40세, 이장), 2002. 10. 26.
경기도 여주군 금사면 이포리, 최병두 (남, 84세), 2002. 10. 26.
이포의 삼신당굿은 일제 때 당을 옮기고 약식으로 하루만 거행하다가 해방 후에는 중단되었다. 그러다 2002년 5월 마을 사람들의 발의에 의하여 이포의 상가번영회가 주최하여 다시 이포 삼신당굿은 재현을 하게 되었다. 그간 중단되었다가 30여 년 만에 재현되는 행사여서 말도 무성하게 많았지만, 전체적으로 마을 사람들에게 좋은 호응을 얻었고 삼신당제를 기억하는 인근의 많은 어른들도 구경와서 감격해 하였다 한다. 삼신당제가 앞으로 어떻게 진행될지는 지켜보아야 할 문제이지만, 일단은 마을 전통의 자긍심을 고취시킨 것은 높이 평가되어야 할 것이다.

88) 김경열 편저, 『목계의 정신과 문화』, 목계향우회, 2002, 10쪽.
주민들의 제보에 의하면 "정월 초닷새에 무당이 광대와 악사를 데리고 와서 광대놀이를 하여 돈을 모은 뒤, 이레쯤 제주집에서 안방굿을 했고, 열흘에 나루에 있는 부흥당에서 당굿을 하였다고 한다. 당굿의 절차는 먼저 목계 부흥당 앞에서 제물을 진설해 놓고 강신굿을 하는 것으로 시작한다. 풍물패 두 팀과 줄을 맨 줄꾼 두 팀이 산 밑에 대기하였다가 무당과 함께 강변으로 강신된 신을 모셔 간다. 다음 순서 이렇듯 이포의 삼신당굿과 목계의 별신굿은 여러모로 제사의식과 놀이가 한데 어우러져 있는데, 이러한 굿의 형태가 상업포구에서 행해지는 당굿의 전형이라고 보아진다. 남한강 유역의 나루 중 양평 한여울나루의 고창굿[89]이나 여주 양화나루의 서낭굿[90] 역시 동일 형태였음이 이를 뒷받침한다.

남한강 당굿이 이러한 형태를 지니게 된 이유는 경강(京江) 근방이었던 송파나루에서 행해지던 송파산대놀이의 경우에 유추하여 짐작해 볼 수 있다. 송파산대놀이는 애초 잡귀를 쫓고 마을의 안녕을 기원하던 탈놀이였다. 그러다 18세기 이후 송파장이 번성하자 상인들의 경제적 뒷받침을 바탕으로 성행되어 지금의 오락성 위주의 놀이 형태로 변모해 간 것이다.[91] 공연 시기는 정월대보름과 단오, 백중, 추석이었는데, 백중의 경우 일주일 이상 계속되기도 했었다는 점도 주목된다. 장의 규모가 커질수록 이를 유

는 목계강변에 제물을 진설해 놓고 무당이 영신굿을 한다. 그 후 풍물 경연이 펼쳐지고 풍물이 끝난 후에는 각 도편장의 지휘 아래 줄다리기가 행해진다. 마지막 순서는 송신굿인데 영신굿 때와 같이 무당들이 강변에다 제물을 진설해 놓고 굿을 한 뒤 부흥당으로 환신을 함으로써 별신제를 마치는 것이다."라고 한다. 목계 별신굿은 전승이 중단되었다가 1977년에 충주 우륵문화제 행사의 일환으로 목계강변에서 별신굿을 재현한 바 있는데, 위의 내용은 재현되었을 때의 모습일 것이다.

89) 경기도 양평군 대심리 한여울, 김경용 (남, 83세, 짐배를 부리시던 분), 2002. 12. 12.

90) 경기도 박물관, 『한강』 Vol.1 환경과 삶, 412쪽.

91) 조동일, 『탈춤의 역사와 원리』, 홍성신서, 1987. 88쪽.

지하기 위한 투자도 활발해지기 마련이므로 송파의 상인들은 사람들을 적극적으로 유치하고 홍보효과까지 얻을 수 있는 놀이의 수단을 택했던 것이다. 이와 유사한 도시탈춤이 공연된 지역들이 한강 유역만 해도 송파 외에도 양주, 아오개(마포) 등이 있었고, 이들 또한 장시와 나루 지역들이었다. 따라서 이들 탈놀이들은 장시나 나루의 안녕과 번영을 기원하는 동시에 놀이화를 통하여 사람들을 끌어 모으는 역할도 병행하고 있었던 것이다.

고창굿이나 별신굿이 거행되는 이포와 목계는 송파와 마찬가지로 돛단배가 짐을 푸는 중심나루들이고 객주가 밀집해 있었던 선주나 상인들의 활동 거점이었다. 따라서 이러한 굿들은 송파산대놀이가 그러했듯이 지역 신흥세력들의 경제성을 바탕으로 지속적인 나루나 장시의 발전을 위해서 전통적 제의 형태에 놀이의 요소를 강조하여 거행되었던 것이라 하겠고, 이는 번영에 대한 문화적 과시이며 자신감의 표현이기도 했다.

이능화의 『조선무속고』에 의하면 '조선의 옛 풍습으로서 각 지방의 시장이나 도회지에서 매년 봄, 가을로 바꾸어 날짜를 잡아 성황신에게 제사를 드리니 이름하여 별신(別神)이라고 한다. 사람들이 모여들어 밤낮 술 마시고 놀음을 하나 관청에서도 막지 아니했다. 그 의식은 큰 나무를 세워 신위를 설치하고 떡, 과일, 술, 밥을 상위에 차리고 무당들이 모여 노래와 춤으로써 서낭신을 즐겁게 했다.'는 기록이 보이는데[92] 이포의 삼신당제와 목계 별신

---

92) 이능화, 『조선무속고』, 巫行神事名目條, 계명구락부, 1937.

굿은 위의 기록과 부합하는 서낭제와 장별신이 결합된 형태를 보인다.[93]

이렇듯 제의와 놀이가 혼합되어 나루의 번영을 과시하던 문화적 전통은 민속놀이에서도 찾을 수 있는데, 여주의 쌍룡거줄다리기와 목계의 기줄다리기가 그 대표적 예이다.

쌍룡거줄다리기는 여주군 점동면 흔암리에서 정월 대보름에 거행했던 놀이이다. 이 놀이에는 흔암리 주민뿐만 아니라 인근의 처리, 삼교리, 멱곡리, 강천면 굴암리 등 12개 마을 주민이 모였었다. 줄은 각 마을별로 짚을 모아다가 집단적으로 제작하고, 줄이 완성되면 암줄과 수줄을 모셔놓고 정월 열나흘 날 서낭제를 지낸다. 서낭제가 끝나면 강가로 나가 강고사를 지내며 뱃길의 안녕과 뱃사람들의 무사고와 마을의 평화를 빈다. 다음날인 정월 대보름 낮이 되면 마을사람들은 아랫마을과 윗마을로 나뉘어져 각기 농기를 앞세운 다음 수줄을 암줄에 끼워 비녀목으로 고정하고 용두에 탄 편장(編長)의 지시에 따라 줄을 다린다. 줄다리기가 끝나면 강가로 가서 결합된 상태로 있는 쌍룡(수줄과 암줄)을 얼음 위에 놓고 제를 지낸다. 이때 상쇠는 고사반을 시작하고 사람들은 자기 식구들의 이름을 백지에 써서 줄에 꽂고 비는 액송의 식을 한다. 강 위에 놓여진 용줄은 얼음이 녹으며 자연스레 남한강의 하류로 떠내려가는데 이렇게 함으로써 마을의 액은 다 없어

---

93) 충북 충주시 가금면 창동리 엄복남 할머니(87세)는 충주 지역의 장별신에 대하여 정확하게 기억하고 계셨다. 이는 남한강의 별신이 동해안의 별신제와는 근본적인 차이가 있음을 말해주는 듯하다.

진다고 한다.94)

충청도 지방의 줄다리기는『동국세시기』에도 기록되어 있는 이 고장의 대표적 민속놀이로 목계 줄다리기가 규모도 제일 크고 장관이었다 한다. 목계 줄다리기는 3년마다 한 번씩 거행했다고 하는데, 정월 보름경 애줄다리기부터 시작하지만 본격적인 줄다리기는 음력 2월 하순경 열흘간 계속되었다. 목계의 시내를 경계로 동서편으로 나누는데 동편은 강원도 강릉까지 서편은 서울까지 사람을 동원했다 한다. 동서의 풍물패들은 농기를 앞세우고 경비 조달을 위해 며칠씩 걸립을 하였다. 1967년 이후 중단되었다가 1977년 충주시 지역 문화축제인 우륵문화제 행사의 일환으로 목계 강변 백사장에서 재현한 바가 있었는데 그때의 줄 길이가 양편으로 각각 150m였고, 줄의 굵기는 지름이 150cm 정도였다. 줄을 만드는 볏짚만도 700토매(약 트럭 14대분)였고, 인력이 3만 명 이상이 동원되었다. 출전 직전 기를 선두로 동편(수줄)은 당나무에, 서편(암줄)은 서낭당에 가서 먼저 치성을 드리고 줄을 메고 나가 비녀로서 고를 걸고 줄다리기를 한다. 열흘 정도 승부를 겨루며 이 기간 동안 난장을 트게 되어 다양한 놀이가 공연되고 멀리서부터 구경꾼이 모인다. 줄다리기가 끝난 줄은 강변에 암줄과 수줄을 나란히 놔두었다가 여름 장마 때 액맥이로 떠내려 보낸다. 이때 암줄과 수줄이 똑같이 떠내려가야 좋다고 한다.95)

---

94) 쌍룡거줄다리기는 전국민속예술경연대회에서 대통령상을 받았다 하는데, 지금은 격년제로 10월 10일에 열리는 여주 군민의 날 행사에서 공연된다.

이들 남한강의 줄다리기는 행사를 전후해서 뱃길의 안녕과 뱃사람들의 무사고를 기원하는 제사가 두드러진다는 점과 풍요를 상징하는 용의 모의결합행위가 강조된다는 점, 줄다리기가 끝난 후 송액의 의미로 줄이 강에 떠내려 보내진다는 점 등의 공통점을 보인다. 그런데 원주 부론면의 정산1리에서도 이와 유사한 형태의 기줄다리기인 달짚놀이가 행해진다.[96] 정월 보름에 개소마을과 솔미마을 주민들이 모여 줄을 당기는데, 기간과 규모, 난장 등이 없을 뿐이지 줄다리기의 형태는 같다. 정산1리는 여주와 목계 중간에 있는 강변지역이므로, 영향 수수관계를 논할 수도 있으나 기줄다리기는 남한강 유역에 보편적으로 분포된 민속놀이이다. 따라서 여주의 쌍룡거줄다리기나 목계 줄다리기 역시 강변의 소박한 민속이 상업포구의 번영으로 인하여 대규모 놀이로 변모하였다고 보는 것이 타당한 것이다.

---

95) 우범성 조사원고, 「목계줄다리기」, 김희찬 제공.
96) 강원도 원주시 부론면 정산1리, 박한선 (45세, 전 이장), 2002. 11. 13.

Ⅳ. 남한강의 강배

남한강은 한반도 중부 지역의 내륙수로로서 예로부터 사회, 경제, 문화의 대동맥 역할을 충실히 담당해 왔다. 특히 남한강의 물길을 이용하여 생활필수품을 공급하는 일은 이곳 주민들의 생존을 책임지는 일이었다. 남한강 물길의 곳곳에 위치한 양평, 이포, 여주, 목계, 충주, 황강, 단양, 영춘, 영월 등의 중심 나루들은 혈관처럼 중부지역 전체에 뻗어 있는 내륙 지역의 육로와 연결되어 각처에 생활필수품을 공급하였다.

이렇듯 남한강이 중부지역의 생활을 책임지는 대동맥 역할을 할 수 있었던 것은 물론 운송수단이었던 돛단배가 있었기에 가능했다. 그러므로 돛단배는 남한강 수운(水運)의 가장 중심이 되는 대상이라 할 수 있다. 해방 이전까지만 하더라도 요즘의 철도나 고속도로에 기차와 화물차가 다니듯 돛단배들이 줄을 이어 한강을 오르내렸다 한다. 하지만 육로 교통이 발달하고 충주댐과 팔당댐이 건설된 이후 돛단배는 더 이상의 존재 가치를 잃고 우리의 기억 속에서 사라져 버렸다.

다행히도 근자에 이르러 한강변의 포구였던 마포나 양평, 여주 등지에서 돛단배를 재현하여 전통을 되살리려는 노력이 이어지고 있다. 이러한 기회에 현재 우리에게 오히려 더 친숙해진 서양식

배나 일본 배와는 확연히 구분되는 돛단배와 기타 강에서 이용되었던 전통 한선(韓船)을 완벽하게 재구하여 기록에 남기고 후세에 전할 필요가 있다고 본다.

그런데 돛단배의 역할은 단순히 물류의 수송에만 머무르지는 않는다. 돛단배는 그것의 정박을 가능하게 하는 나루들을 형성시켰으며, 중심 나루에 배가 정박할 때는 갯벌장이 열리고 각처에서 바꿈질을 위해 몰려온 사람들로 붐볐다. 사람들이 모이는 곳에는 자연스럽게 나름대로의 문화가 형성되고 그렇게 형성된 지역문화는 다시 강물을 통해 남한강 전역에 전파되었다.

본 장에서는 이를 조명하기 위하여 수운이 활발했던 시기에 남한강을 오르내리던 강배의 종류와 돛단배의 운용 양상에 관해 살펴보고자 한다. 물론 근자에 이르러 남한강 수운의 특징과 중요성을 다룬 선행연구들이 있었지만[97] 이에 관한 논의는 앞으로도 계속 진행되어야 한다. 이러한 연구는 수운의 붕괴와 함께 쇠퇴하였던 남한강 지역 사회에 전통문화에 대한 자긍심을 고취시키고, 이를 새로운 문화 창출의 원동력으로 삼아 지역 사회의 발전에 기여하는 단계까지 진행될 때 궁극적인 목적을 달성할 수 있기 때문이다.

---

97) 최영준, 「남한강수운연구」, 지리학 제35호, 대한지리학회. 1987.
김현길, 「남한강유역의 역참과 조운」, 충북향토문화 제12집.
김예식, 「남한강과 수운 ─ 수로를 통한 물류통상」, 남한강 학술회의 발표문, 2001. 12.
김종혁, 「조선 후기 한강유역의 교통로와 시장」, 고려대학교 박사논문, 2001.

1. 남한강 강배의 종류

남한강은 물살이 빠르고 굴곡도 심하며 여울목이 많아 배를 운용하는 데 결코 유리한 지형적 조건을 가지고 있다고는 할 수 없다. 기후 환경도 만만치 않은 편이어서 여름에 집중호우가 내리고 겨울에는 수량이 줄고 결빙기간이 서너 달 이어져서 11월 말부터 2월까지는 수운이 중단될 수밖에 없어 소강(溯江)할 수 있는 기간도 상대적으로 길지 않은 편이다. 더구나 여름에는 집중호우가 내려 2 - 3일간 홍수가 지속되었다가 곧 물이 빠져나가 버리기 때문에, 우기(雨期)에는 갑자기 수량이 증대했다가 건기에는 강바닥이 드러날 정도로 수량이 줄어든다.

그러나 선인들은 남한강의 이러한 자연 조건을 잘 인식하고, 나름대로의 구조를 지닌 돛단배를 만들어 불리한 운행 조건을 극복해 가며 물길을 이용했다. 영국의 여행가 비숍 여사가 한강을 여행했던 1890년대에 강 전체를 여행하는 동안 단 한 개의 다리를 발견할 수 없었다 했고[98] 일제도 강점시기에 조선의 열악한 교통로를 정비한다고 법석을 떨었지만, 이것은 오히려 남한강의 수운이 나름대로 불편함이 없이 구한말까지 지속되었음을 반증해 주는 예들이라 본다.

강이 물길로 인식되면서 사람들은 끊임없이 그 운송기구인 강배를 만들고 발전시켜 왔다. 떼배나 통나무배가 강배의 초기 형

---

98) 비숍, 『조선과 그 이웃나라들』, 집문당, 2000. 83쪽.

태였을 터이나 이후 강배는 쓰임새에 따라 혹은 지역적 특성에 따라 종류가 분화되면서 다양화되었다.

강배들은 지역에 따라 다른 명칭으로 불렸을 것이나 대개 쓰임새에 따라 강을 건네주는 나룻배[渡船, 도선배], 물건을 운반하는 짐배, 땔감을 운반하는 시목배[柴木船], 어업을 하는 고깃배 등으로 불렸고, 지역에 따라서는 윗강배와 아랫강배, 혹은 서울지역에서 부리는 경강선(京江船)과 각 지방에서 지역 주민이 부리는 지토선(地土船) 등으로 불렸다. 또한 서양배와 일본배가 들어왔을 때는 이와 구분하기 위하여 전통의 배를 한선(韓船)이라고 총칭하기도 했다.

하지만 분류체계가 일정치 않은 이러한 명칭을 열거하는 것은 무의미하므로 여기서는 강배를 모양새에 따라 혹은 쓰임새에 따라 구분한 가장 일반적인 종류만 살펴보기로 하겠다.

1) 아랫강배 [水下船]

아랫강배는 주로 인천 앞바다 또는 강화도 근처에서 부리는 배로 바람(서풍)이나 밀물 때를 기다렸다가 마포 지역까지 올라오게 되는데, 주로 서해안에서 잡은 고기나 새우, 소금 등 해산 어염물을 싣고 왔다가, 생활필수품을 구입하여 내려간다.

아랫강배는 간만의 차가 심하고 갯벌이 넓은 서해안 지역까지 운행되므로 다른 나라의 배보다는 밑바닥이 평평하고 이물과 고

물이 넓은 편이나 윗강배보다는 완만한 곡선형의 배 모양을 보인다. 아랫강배 중 돛을 하나 다는 작은 규모의 배는 '야거리'라고 하고, 돛이 두 개 달린 규모가 큰 배를 '당두리'라고 부른다. 당두리의 경우 대개 앞쪽 돛은 곧게 세우지만 뒤쪽 돛은 비스듬히 눕혀 세우는데, 이는 돛을 조정하기 편하게 하고, 바람의 압력을 잘 조정하기 위함이라고 한다. 이물 뒤에는 큰 나무 닻을 올려놓고 닻 바로 뒤에는 닻줄을 감는 닻줄 물레가 있다.

아랫강배는 어떤 용도로 쓰이느냐에 따라 장삿배, 고깃배로 나뉘어 불리지만 돛단배의 구조가 다른 것은 아니다.

※ **바닷배의 치수 (1자 = 0.3124m)** [99]

구 분	길 이	너 비	길이와 너비의 비율
큰 배[大船]	42자	18자 9치 이상	2.22 : 1
중간 배[中船]	33자 6치	13자 6치 이상	2.47 : 1
작은 배[小船]	18자 9치	6자 3치 이상	3.0 : 1

2) 윗강배 [水上船]

(1) 돛단배

윗강배는 늘배라고도 하는데, 크기는 각양각색으로 벼 50-60석을 싣는 작은 배부터 벼 300석을 싣는 큰 배도 있었지만 크기에 상관없이 돛은 하나만 달았다. 아랫강배와는 달리 모양새가 좁고

---

99) 이원식, 『한국의 배』, 대원사, 1990, 91쪽.

길며 이물부분이 위로 솟아 있고, 닻물레가 없다. 노는 고물부분에 있는 노좆에 연결하여 배의 뒤쪽에서 젓는다.

작은 배(엇거루)는 사공 혼자 타고, 200석을 싣는 중간 배(두손거루)는 앞사공과 뒷사공 두 명이 타고 다닌다. 300석 이상을 싣는 큰 배(세손거루)는 세 명이 같이 타게 되는데, 물길을 잡는 '앞사공'과 노를 젓고 키를 잡는 '뒷사공', 그리고 잔심부름과 식사를 준비하는 '밥찌(화장)'로 구성된다.

돛단배에는 띠풀로 지붕을 엮은 '뜸'이 있는데 띠풀은 비를 맞으면 서로 착 달라붙는 경향이 있어서 소금같이 물에 젖으면 안 되는 짐을 보호하고, 비·바람을 피하기도 했다. 또한 배 안에다 투석간이라 하는 부엌을 만들어 바닥에 흙을 깔고 솥을 걸어 놓아 숙식을 해결하기도 했다.[100]

※ 강배의 치수 [101]

구 분	길 이	너 비	길이와 너비의 비율
큰 배[大船]	50자	10자 3치 이상	4.85 : 1
중간 배[中船]	46자	9자 이상	5.11 : 1
작은 배[小船]	41자	8자 이상	5.12 : 1

---

100) 경기도 하남시 배알미동, 손낙기 (남, 74세), 2003. 12. 19.
  경기도 양평군 양서면 양수5리, 김용운 (남, 82세), 2002. 9. 25.
101) 이원식, 앞의 책, 103쪽.

┃그림 20┃ 남한강 달천에 뜬 돛단배 — 소선

┃그림 21┃ 여주 조포나루에 뜬 돛단배 — 중선

(2) 나룻배 [津渡船, 渡船배]

나룻배는 강을 건널 목적으로 만든 배인데, 돛은 달지 않고 물이 적을 때는 삿대로 밀고 물이 많을 때는 노를 저어 강을 건넜다. 대개 나루마다 두 척을 운용하였는데, 한 척은 작은 배로 사람을 태우기 위한 것이고, 한 척은 큰 배로 자동차나 우마차를 실어 나르던 것이다. 다른 배보다 배 밑의 너비가 넓어 승선 면적을 넓혔다. 자동차나 우마를 실어 나르는 나룻배는 덕판이 없고, 비우도 몇 쪽을 떼 내어 자동차나 우마가 오르내리기 편하게 하였다. 나룻배는 처음 목선을 사용하다가 경제적 목적 때문에 후에 철선으로 대체되기도 하였다. 철선은 배 바닥을 이중으로 해서 공기 부력통을 만들어 물에 잘 뜨게 했다. 목선이 철선보다 물에 잘 뜰 것 같지만, 실상은 나무가 물에 불어 무게가 더 나가기 때문에 목선이 물에 더 잘 가라앉는다. 철선의 경우는 부력통 때문에 목선보다 오히려 부력을 더 받아 잘 뜨지만 대신 바람을 많이 타서 잘 흔들려 안정성은 없었다고 한다.[102] 현재 남한강의 나루들은 다리의 건설과 자동차의 보급으로 거의 폐쇄되었지만 광주시 남종면 수청리와 단양읍 도담리에서는 아직 군의 지원으로 나룻배가 운영되고 있다.

---

102) 충청북도 충주 앙성면 단암리, 정윤종 (남, 67세, 개치나루와 창남나루의 사공을 했던 분), 2002. 11. 13.

|그림 22| 정선 아우라지의 나룻배

(3) 거룻배

거룻배는 돛을 달지 않은 작은 배다. 돛단배처럼 크지는 않지만 혼자서 탈 수 있는 배가 있는가 하면 서너 명 정도 탈 수 있는 배도 있어 규모가 다양하다. 아랫강에서는 큰 배와 뭍, 어장과 뭍 사이를 오가는 배를 말하는 데 비해, 윗강에서는 주로 어업을 하기 위하여 지은 작은 배를 말하는데 이를 낚거루라고도 한다. 돛단배가 올라가지 못하는 상류 지역이나 지류 지역에서는 돛단배가 나루에 짐을 풀어놓으면 이 거룻배를 이용하여 짐을 싣고 강을 더 거슬러 올라가기도 했다.[103] 팔당 지역에서는 돛단배나 뗏목이 오면 거룻배를 타고 다가가 술과 고기를 팔고 오는 술거루도 있었다.[104]

강에서 고기를 잡는 배 중에는 마상이 혹은 매상이라고 부르는

---

103) 강원도 영월군 영월읍 거운리, 홍원도 (떼를 탔던 분), 2003. 10. 10.
104) 경기도 남양주군 마재, 정규혁 (남, 77세), 2002. 9. 11.

|그림 23 | 한강의 낚거루

통나무배도 있었다. 이 배는 혼자서도 운반할 정도의 작은 배인데, 성종실록에서도 마상선이라는 기록이 있는 것으로 보아 역사가 꽤 오래된 형태로 보인다.105)

2. 남한강 돛단배의 구조와 특성

전통적인 돛단배의 기본 선형(船形)은 평평한 배밑, 턱을 따내고 널판때기를 겹쳐서 무어 올린 뱃전, 가로다지 널판때기로 대어 막은 이물비우와 고물비우, 배의 대들보라고 할 수 있는 멍에, 멍에 아래의 뱃전에 구멍을 뚫어서 꿰어 걸은 장쇠, 배밑을 가로

---

105) 『성종실록』 72권, 성종 7년 10월조.
　　"……마상선(麻尙船) 5척(隻)을 주어 들여보냈는데, 지난 9월 16일에
　　경성(鏡城) 땅 옹구미(甕仇未)에서 배를 출발하여, ……".

┃그림 24┃ *바닷배*

로 꿰어 박은 기다란 나무창인 가새, 뱃전을 위에서 아래로 꿰어
박은 나무못인 피새의 만듦새라고 할 수 있다.106)

그런데 일반적인 구조는 위와 같다고 해도 마포를 중심으로 하
여 한강 하류 지방의 배인 아랫강배[水下船, 두멍배]와 상류의 배
인 윗강배[水上船, 늘배]가 세부적으로 다른 형태를 보이고 있다
는 점은 돛단배를 제작할 때 획일적인 형태가 아니라 물길의 환
경 조건에 따라 나름대로의 특성을 고려하여 제조하였다는 극명
한 예가 될 것이다.107)

---

106) 이원식, 『한국의 배』, 대원사, 1990, 15쪽.
107) 조선왕조실록에 수상선과 수하선이란 명칭이 자주 보이는 것은 윗
    강배와 아랫강배의 구조상 차이점이 전통적으로 오래되었다는 것을

한강 하류의 돛단배는 수심이 깊고 강폭이 넓은 지역에서 물의 저항을 덜 받으며 멀리 항해할 수 있어야 하므로 바닥도 U자형에 가깝고 윗강배에 비해 길이가 짧고, 배 폭도 넓게 만든다.

이에 비하여 한강 상류에서 운행되는 돛단배는 배의 밑바닥이 평평하면서 뱃전은 얕고, 배의 폭이 좁은 대신 길이가 긴 형태를 취하고 있다. 이러한 구조를 가진 배를 평저선(平底船)이라 불렀는데, 평저선은 운행속도가 빠르지 않은 대신 짐을 많이 실을 수 있었으며, 특히 수심이 얕고 물살이 빠른 여울을 통과하기가 수월하다는 장점을 지니고 있었다.

또한 윗강배의 중요한 제조 기술상의 특징은 배 밑바닥에서도 찾을 수 있다. 뱃바닥에 활처럼 생긴 곱창쇠(장쇠)를 12개 정도 가로지르는데, 곱창쇠는 참나무 각목이나 팔뚝크기의 곧은 참나무를 원료로 하여 활처럼 약간 굽게 하여 붙이면, 배 밑바닥이

입증하는 예라고 본다.

『영조 실록』, 37권 영조 10년 10월조.

"……수상선이란 순흥(順興)의 역적이 정가(鄭哥)의 삼촌(三寸) 정몽석(鄭夢錫)이 울산(蔚山)에 살았는데 큰 배를 가지고 있었고, 그 배위에 집을 지어놓고 항상 그 속에 있었기 때문에 하는 말입니다. 그런데 그 배가 지금 하동(河東)의 사리포(沙里浦)에 있었고 그곳에는 임 선달의 배가 정박하는 곳이었으며, 정몽석은 흉모(凶謀)를 꾸민 영수(領首)이기 때문에 한 말인 것입니다.".

『숙종 실록』, 56권 숙종 41년 12월조.

"……그리고 본영(本營)의 수하선(水下船) 9척 중에서 4척을 덜어 낸 대신 삼남(三南) 통수영(統水營)의 퇴출(退出)시킨 병선(兵船)·전선(戰船)을 양서(兩西)의 예(例)에 의하여 운번을 정해서 본영(本營)에 올려 보내어 무기를 고치고 궐원(闕員)을 보충하게 하소서."

땅이나 돌에 부딪혀도 바닥송판이 움푹 들어갔다가 다시 펴지는 역할을 하기 때문에 고무처럼 유동적이어서 수심이 얕고 자갈이 많은 여울 지역에서도 자유자재로 활동할 수 있다.

뱃머리도 아주 중요한 특징 중의 하나이다. 배 앞부분이 수그러들면 물로 파고 들어가고, 앞이 너무 하늘로 치솟아 있으면 바람을 차고 나가는 대신 바람에 채여 배가 돌아 버리기 때문에 윗 강배는 이물 부분의 제작에 각별한 주의를 기울였다.

황포돛단배란 명칭을 유래시킨 황포돛의 경우 수직물이 나오기 전에는 해변에서 자라는 띠(자우라기)라는 풀108)을 베어서 말려 돗자리 모양으로 엮어 돛을 만들어 사용하였는데, 수직물이 생산된 다음에는 띠가 광목으로 대체되었다. 황포돛은 거친 광목을 바느질로 연결하여 만든다. 이렇게 연결된 광목은 황톳물을 들이게 된다. 황톳물은 색깔이 누렇고 입자가 가는 진흙황토를 파다가 물에 풀어 모래나 거친 흙을 가려내고 위에 뜬 흙물을 따로 넓은 그릇에다 따라두면 가는 입자의 황토색이 우러난다. 그 물에다 광목을 넣고 삶아서 염색을 하면 누렇게 변하는데 광목에 황톳물을 들이면 좀을 방지하고 질기며, 비바람을 맞아도 변하거나 썩지 않는 이점이 있고, 올 사이의 구멍을 막아 바람을 잘 탄다는 이점도 있다.

구한말 외국인들은 우리의 전통 한선(韓船)을 조악하면서 단순

---

108) 해변 식물인 띠는 물에 젖어도 쉽게 썩지 않았고 물에 젖으면 펴지는 성질이 있어 방수의 역할을 하여 배 위에 띠집을 지어 비를 피하거나 물건을 보관하는 데도 사용하였다.

|그림 25| 황포 돛단배

하다고 평가했고, 일제 시대 식민주의자들은 한술 더 떠서 일본
식 배의 장점을 강조하며 그들의 제작공법을 의도적으로 유포시
키기도 하여 전통 한선의 제작이 단절될 위험에 처하기도 하였
다. 그러나 이것은 한강의 특성을 제대로 파악하지 못하고 선입
견을 가지고 바라보았기 때문일 것이다. 위에서 언급했던 대로
우리의 돛단배는 우리나라의 자연과 지형 조건에 알맞은 성능을
가진 가장 경제적이면서도 기능적인 측면을 가지고 있었다. 실제
로 우리의 돛단배는 한강 수운의 쇠퇴기인 1930년대 이후에도 서
양이나 일본 배에 잠식당하지 않고 별 무리 없이 한강을 누벼왔
던 것이다.

　해방 이전까지만 하더라도 요즘의 철도나 고속도로에 기차와
화물차가 다니듯 돛단배들이 줄을 이어 한강을 오르내렸다 한다.

하지만 육로 교통이 발달하고 충주댐과 팔당댐이 건설된 이후 돛
단배는 더 이상의 존재 가치를 잃고 우리의 기억 속에서 사라지
고 있다.

근자에 이르러 마포에서 돛단배를 재현하는 행사가 개최되고,
이에 영향을 받아 남한강의 양평과 여주 등지에서 돛단배를 만드
는 행사가 이어지며 사라졌던 돛단배에 대한 관심이 고조되고 있
다. 일제에 의해 거의 잊혀질 뻔한 우리 고유의 배인 돛단배가
나름의 고증을 통해 재현되고, 그 우수성이 증명되고, 지역 문화
의 전통으로 받아들여지고 있다는 것은 고무적인 사실이 아닐 수
없다.109)

---

109) 돛단배의 재현 상황
　　1. 마포에서는 1990년 서울 정도 600년 기념사업의 일환으로 '마
포 새우젓배 진수놀이'를 거행하였다. 이 행사는 모의 돛단배를 만
들어 동대문운동장에서 공연을 하였지만, 밤섬의 편수였던 박정옥
씨의 고증을 받아 배짓기와 진수식을 재연한 것이었다. 이 행사는
이후 마포나루굿 행사로 매년 거행되다가 8회 행사 때에는 서울시
문화과에서 예산이 지원되어 밤섬의 편수였던 이봉수 씨와 계약하여
황포돛단배를 제작하였다. 이때 제작된 돛단배는 길이 10m, 폭 3m,
높이 1.5m의 5톤 규모의 돛단배였는데, 지금은 마포 한강시민공원 망
원지구에 떠 있고, 밤섬 주민의 고향 방문 행사 때 사용되고 있다.
　　2. 남한강의 경우는 1998년 양평군 양서면 양수리에서 황포돛단배
를 재현하는 행사가 있었다. 돛단배의 재현을 기획한 것은 양수리에
살고 있는 정상목 씨와 정상일 씨였는데, '두물머리 황포돛단배 복
원추진위원회'를 만들고 그린벨트와 상수원 보호지역으로 지정되어
환경부에서 받는 물이용 부담금을 각 리에서 100만 원씩 갹출하고
양서면사무소와 양평군청의 도움을 받아 1200만 원을 들여 길이
12m, 너비 2.2m에 최고 60여 명이 탈 수 있는 황포돛단배를 세 척
만들게 된 것이다. 현재 돛단배 두 척은 두물머리의 명물로 자리 잡

3. 돛단배의 제작 과정

1) 조선장(造船場)과 편수

배를 짓는 곳을 '조선장' 혹은 '배 무으는 곳'이라고 부른다. 한강의 조선장으로는 노량진, 밤섬, 서강, 용산과 팔당, 양평 등지에 여러 곳이 있었지만, 그중에서도 마포의 밤섬과 팔당, 배알미 등이 이름난 곳이었다.

마포의 밤섬은 배 만드는 곳이 10여 군데가 넘고, 이름난 편수가 많았던 지역으로 선주(船主)의 주문을 받아 배 만드는 일이 일 년 내내 끊이지 않았다. 밤섬에서는 마포 상류를 항해하기 위한 윗강배뿐만 아니라 강화 일대를 운행하는 아랫강배도 많이 만들었다.

밤섬의 편수 중 최근까지 배를 지으셨던 분은 이봉수다. 그는 1922년 2월 5일생으로 1941년 목선제작 기술을 익힌 후 한선 제작 방법을 터득하여 이후 600여 척의 배를 만들었고, 돛단배가

은 채 강가에 매어져 있다. 배를 만든 사람은 양서면 용담리에 사는 우경산 씨(72세)로 양수리에서 배를 부리던 마을 원로들의 고증을 받아 전통 방식으로 원형에 가까운 배를 재현했다고 한다.

3. 여주에서는 2003년 4월 신륵사 입구인 조포나루터에 황포돛단배를 만들어 물에 띄웠다. 이 배는 여주 군청의 지원으로 하남시 배알미의 편수 손낙기 씨가 만든 것으로 길이 15m, 폭 3.3m의 세손거루인데, 관광용의 목적도 있어 난간을 세우는 등 기존 돛단배에 안전시설을 가미한 형태이다.

없어진 후에는 인천 등지에서 목공업을 하며 목선보트를 제작하였다. 1998년 마포에서 황포돛단배를 재현할 때는 2명의 조수를 거느리고 배를 직접 제작하기도 했었다.[110)

팔당과 배알미는 북한강과 남한강의 합수머리인 양수리에 붙어 있는 지역으로 덕소, 팔당, 양평, 여주 등지에 선주(船主)들이 많이 살았으므로 이들의 주문을 받아 배를 짓던 곳이다. 현재 팔당에서 배를 짓던 편수들은 다 작고했고, 배알미에서 배를 짓는 편수로는 손낙기와 김귀성이 있다.

손낙기는 박석문이라는 팔당의 도편수 밑에서 배 짓는 일을 배워 배를 짓고 수리하는 일을 50년 이상 하고 있다. 국립민속 박물관의 돛단배제작에도 참여하였고, 2003년 여주 신륵사 앞의 돛단배도 제작한 바 있다.[111)

김귀성은 하남시의 한선 기능보유자로 지정되어 있는데, 그는 부친 김용운에게서 배 짓는 일을 배웠다 한다. 그의 부친은 60여 년간 3,200척의 배를 건조했던 유명한 편수라 하는데 역시 배알미의 편수였던 함복수, 하극낙, 함낙주 밑에서 기술을 배웠다 한다.[112)

양평의 양수리 지역도 배를 많이 짓던 곳인데, 이곳에도 이름난 편수 우경산이 있다. 그는 양수리에서 돛단배를 재현한 바 있

---

110) 마포구청 제공 자료 - 마포구청, 문화체육과.
111) 경기도 하남시 배알미동 손낙기 (남, 현 78세).
112) 하남시청 자료 참조
    경기도 광주군 남종면 분원리, 김귀성 (남, 현 58세).

는데, 그가 만든 배는 양수리에 두 척이 있고, 한여울 나루 자리
에도 한 척이 남아 있다.[113]

2) 강배의 제작과정

(1) 재 료

강배의 재료는 예로부터 소나무를 제일로 손꼽았다. 소나무는
그 자라는 장소의 토질과 빛에 따라 다르게 성장하였으므로 이를
춘양목, 적송, 해송, 무송 등으로 구분했다.

춘양목과 적송은 나무의 보굿이 얇고 나뭇결이 좋으며 옹이가
적은 것이 특징이고, 해송은 비바람을 많이 견딘 나무로 배를 만
들어도 널이 터지지 않고 틀어지지도 않아 배를 만들기에 적합하
였다. 그러나 무송은 보굿이 두꺼우며 나무가 무른데다가 부패성
도 빨라 배를 만들기에 적합하지 않았다.

배에 쓰이는 나무는 곧은 것도 있으나 구부러진 나무를 더 많
이 쓰며, 그 생김새대로 톱으로 켜서 사용한다.

(2) 적심과 말림

배를 만드는 나무는 50년 내지 60년 정도가 된 나무라야 한다.
이러한 대부동은 운반에 어려움이 있기 때문에 '윈계톱쟁이'가

---

113) 경기도 양평군 양서면 용담리, 우경산 (남, 현 75세).

산으로 가서 나무를 베어 낸 다음 물을 이용하여 큰 강으로 흘러 내려왔다. 이러한 작업을 적심이라 하고, 물을 통해 오래 흘러 내려온 나무를 수상목(水上木)이라고 하는데, 배를 짓거나 집을 지을 때 제일로 손꼽히는 나무다.

뱃널을 켜려면 나무를 다시 건조해야 한다. 널 사이에다 수수대를 잘라서 놓고 그 위에다 널을 놓아 바람이 잘 통하게 하여 그늘에서 말려야 나무가 뒤틀리지 않는다.

(3) 뱃바닥 짓기

뱃바닥은 저판(底板)이라고도 하며 한선(韓船)은 모두 평평한 형태를 취한다.

먼저 초장을 놓고 양옆의 아엽을 딴다. 아엽은 널두께에 따라

|그림 27| 돛단배 제작 과정

반쪽을 따내는 것인데, 넓이는 오 분 정도 따내서 못을 박으며 붙여 나간다.

뱃널은 너비에 따라 다섯 바닥과 일곱 바닥이 있는데, 일곱 입 뱃바닥을 가장 좋다고 했다. 널조각이 넓으면 짐을 싣고 여울을 지날 때 바닥이 닿아서 넘어오게 되므로 뱃바닥이 갈리게 되는데, 널조각이 좁으면 유수가 있어 갈리는 정도가 완화되기 때문이다.

⑷ 배의 몸체 만들기

뱃바닥이 다 만들어지면 양옆에 삼을 붙여 배의 몸체를 만든 다. 삼 혹은 삼판(杉板)은 선체의 벽체를 형성하는 판으로 삼판의 단수(段數)가 배의 규모를 결정하게 된다. 큰 배의 경우는 일곱 장까지 무어 올린다. 뱃삼은 두돌리라 하여 대개 널을 이중으로 붙여서 만든다. 삼과 삼을 이어 붙이기 위해서는 삼의 턱을 따내고 피새 구멍[114])을 파내어 연결시킨다.

배 제작 시 가장 중요한 공법 중의 하나가 배의 몸체를 제작할 때 쓰는 아엽파기인데 양옆에 홈을 파 나무와 나무를 붙이는 방법이다. 배의 몸체를 붙이는 방법에는 판자와 판자에 아엽을 파서 붙이는 넓배기와 판자의 끝을 붙이는 동배기가 있다. 동배기는 흔히 있는 이음새 붙이기이지만, 넓배기는 배 제작 시에만 사용되는 공법이다. 아엽을 파서 삼판을 올리고 피새구멍을 판 다음 피새나 특수 제작한 쇠못으로 몸체를 고정하고 나무틈새를 대나무밥으로 메운다. 대나무밥으로 메움으로써 물이 들어가는 것도 막아주고 또 공간이 생김으로 해서 쿠션 역할도 해주기 때문이다.

(5) 쇠 끼우기

배의 몸체를 만든 다음에는 판이 벌어지는 것을 막고 물의 압력을 지탱하기 위하여 바닥에 쇠를 끼우는데, 이때 사용하는 쇠는 물참나무로 만든다. 쇠가락의 숫자는 배의 크기에 따라 달라진다. 쇠가락은 뱃바닥에 구멍을 알맞게 파서 끼우고 그 사이에는 뜰을 깎아서 쳐 넣어 쇠를 움직이지 않게 한다. 바닥에 쇠를 다 끼우면 바닥이 반달모양으로 된다.

쇠가락은 그 놓이는 위치에 따라 동당쇠, 눌림쇠, 장쇠, 곱장쇠,

---

114) 돛단배의 제작에 사용하는 나무못을 피새 혹은 피쇠라 하고, 박달나무나 전나무 같은 참나무로 만들었다. 하지만 요즘은 인천에서 특수 제작한 배못을 사용한다.

도붓쟁이쇠, 뜀쇠로 불린다. 뜀쇠는 두손거루 이상되는 배에 끼우는데, 바닥에 쇠와 쇠 사이가 멀면 바닥에 손상이 오기 때문이다.

(6) 이물 만들기

이물은 배의 앞쪽을 말하는데 배 밑에서부터 좌우 삼판 사이의 공간을 이물비우로 가로 대어 막는다. 이물비우는 위쪽으로 동그스름하게 올려가면서 삼판 모서리에 대어 박고 벌어지는 것을 방지하기 위하여 가로지르는 이물장쇠(동당쇠)를 이물 옆 삼판에 꿰뚫어 박는다. 아랫강배의 이물 높이는 삼판보다 더 높고 둥그스름하게 유선형이 되게 만든다. 이는 배가 나아갈 때 받는 저항을 되도록 줄이고 물을 타고 미끄러지듯 나아갈 수 있게 하고 강가에 닿을 때는 이물비우가 모래밭 위로 미끄러지면서 올라앉게 고안한 것이다.

(7) 고물 만들기

고물은 배의 뒤쪽을 말한다. 배 밑에서부터 좌우 삼판 사이의 공간을 고물비우로 가로 대어 막는데, 밑에서부터 비스듬히 올라가면서 양쪽 삼판 안으로 대어 박는다. 고물비우 위판에는 키를 넣기 위한 키구멍(두리구멍)을 뚫어 놓는다. 고물 위에는 덕판(짐판)이라고 불리는 널판을 깔고 덕판 끝에는 노좆을 꽂는다. 노좆은 노를 거는 부분인데, 돛을 달지 않거나 바람이 없을 때는 배 뒤에서 큰 노를 저어서 배를 운행하기 때문이다.

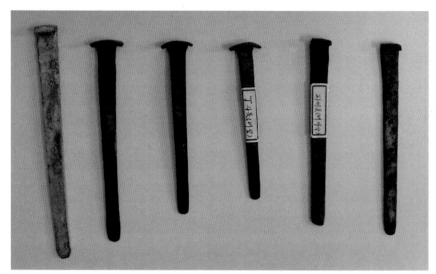

│그림 28│ 배 제작에 사용하는 뱃못

(9) 키 만들기

키[舵]는 배의 방향을 잡기 위하여 필수적으로 설치해야 하는
부분이다. 키는 킷다리와 킷다리에 널판때기를 이어붙인 본판인
키판과 킷다리 윗부분에 참나무를 꽂아 놓은 키손잡이로 이루어
져 있다. 키는 고물비우의 바깥쪽에서 설치하는데 위로 비스듬히
고물비우의 키 구멍 사이에 꽂고 참나무 막대기 뿔 사이로 질러
넣어 고정시킨 후 키손잡이를 끼운다.

키는 이물에서 좀 들어온 부분에 뒤에서 앞으로 꽂혀 있는데,
이것은 배의 회전각을 크게 하고 수심이 얕은 곳에서 장애물에
걸릴 때 전복을 방지하는 기능이 있어 안정성을 높이기 위함이라
고 한다.

172

⑩ 돛대 만들기

배의 중간에 가로지르는 나무가 멍에인데, 이는 집의 대들보에 해당하는 부분이다. 이 멍에 가운데 구멍을 뚫고 당아뿔 두 개를 박는다. 멍에의 아래쪽 뱃바닥에는 돛대를 꽂는 받침을 만드는데 이를 대굽(굽통)이라고 한다. 돛대를 대굽에 끼우고 당아뿔 사이로 돛대를 밀어 세운 뒤 안산지기로 돛대를 고정시키면 돛대가 완성되는 것이다.

돛대의 길이는 세손거루인 경우 10m 정도이고, 엇거루인 경우 6m 정도이다. 돛대 끝에는 용두레를 달아 돛을 끌어올리게 된다.

⑪ 뱃밥치기

배가 완성되면 바닥솔갱이마다 뱃밥을 쳐서 물이 들어오지 않게 마무리를 하여 물에 띄울 준비를 한다.

⑫ 황포돛 만들기

수직물이 나오기 전에는 해변에서 자라는 띠(자우라기)라는 풀[115]을 베어서 말려 돗자리 모양으로 엮어 돛을 만들어 사용하였고 수직물이 생산된 다음에는 띠가 광목으로 대체되었다.

황포돛은 거친 광목을 바느질로 연결하여 만든다. 이렇게 연결

---

115) 해변 식물인 띠는 물에 젖어도 쉽게 썩지 않았고 물에 젖으면 펴지는 성질이 있어 방수의 역할을 하여 배 위에 띠집을 지어 비를 피하거나 물건을 보관하는 데도 사용하였다.

된 광목은 황톳물을 들이게 된다. 황톳물은 색깔이 누렇고 입자가 가는 진흙황토를 파다가 물에 풀어 모래나 거친 흙을 가려내고 위에 뜬 흙물을 따로 넓은 그릇에다 따라두면 가는 입자의 황토색이 우러난다. 그 물에다 광목을 넣고 삶아서 염색을 하면 누렇게 변하는데 광목에 황톳물을 들이면 좀을 방지하고, 질기며, 비바람을 맞아도 변하거나 썩지 않는 이점이 있다. 이렇게 누런 물이 들기 때문에 황포돛대라 불리게 되었다 한다.116)

4. 남한강 수로에 따른 돛단배의 운용법

한강 본류의 길이는 514km에 달하며 이 중 가항수로(可航水路)는 남한강의 경우 마재에서 영월까지 220km에 달한다. 여기에 배가 올라갈 수 있는 지류인 달천, 섬강, 조양강, 청미천을 포함하면 350㎞나 된다. 돛단배의 운행은 자연적 조건에 영향을 받으므로 이 한강의 가항수로는 다시 항상 배가 떠다닐 수 있는 상시가항수로(常時可航水路)와 우기 때에 큰 배가 올라갈 수 있는 중수기대선수로(重水期大船水路), 우기 때 작은 배가 올라갈 수 있는 중수기소선수로(重水期小船水路) 등으로 나누어 볼 수 있다.117)

---

116) 배의 제작과정은 손낙기 편수의 제보와 김재근의 책을 참고함. 경기도 하남시 배알미동, 손낙기 (남, 74세), 2003. 12. 19.
김재근『한국의 배』, 서울대출판부, 1994.
117) 최영준, 「남한강 수운 연구」, 5쪽.

기존 돛단배의 운용에 대한 역사적, 지리적 연구들은 조선조 세곡(稅穀) 수송에 관한 문헌자료적 지식에 의존한 바가 크다. 그러나 조선 후기 장사를 전문으로 하는 사선(私船)의 등장 이후에는 문헌에 기록된 것과는 실제 운용 상황이 많이 달라졌다는 점을 감안해야 한다. 조운(漕運)이 수동적 의무 행위였다면 상업은 적극적인 수익 사업이었기 때문이다.

남한강에서 항시 돛단배가 다닐 수 있는 상시가항수로 지역은 마재에서 단양까지로 보지만, 대개 돛단배의 운항은 실제로는 그 상류 지역까지 다녔던 것으로 보인다. 또한 돛단배의 소강 한계점을 영월 덕포까지로 보는 것이 일반적이지만, 영월 거운리의 홍원도 씨의 제보에 의하면 돛단배가 영월 거운리까지도 올라왔었다고 하니, 조건이 허락되고 수익성이 보장된다면 돛단배는 지역에 구애를 받지 않고 다녔음을 알 수 있다.[118]

돛단배의 소강(溯江)은 물론 수심이나 기타 운행 환경에도 영향을 받겠지만 사선업자들은 여러 가지 소강 방법을 개발하고 동원하여 이를 극복했다.

돛단배는 강의 수심이 깊고 바람이 있을 경우에는 돛을 펴서 운행하게 된다. 이렇게 돛을 달고 배가 운행할 때는 바람이 부는 방향을 잘 확인해야 하는데, 서울서 치부는 바람은 하늬바람인

---

118) 강원도 영월군 영월읍 거운리, 홍원도 (남, 70세), 2003. 10. 10.
　　1925년 영월 거운리의 된꼬까리 가운데 있었던 암석을 폭파시킨 후 덕포의 소금배들이 정선읍 가수리까지 소강하였다 하나(최영준, 앞의 논문) 이는 20-30석 정도를 실을 수 있는 거룻배로 그 지역사람들이 부리던 배였다고 한다.

서풍이고, 반대로 부는 바람은 높새(녹새)바람인 동풍이다. 돛단 배가 소강하려면 서풍을 받아야 하는데, 바람만 잘 받으면 돛단 배는 거의 시속 60km 정도가 나올 때도 있었다 한다.

그러나 남한강에는 수심이 얕고 유사현상(流砂現象)이 심한 여 울이 곳곳에 널려 있었다. 여주의 앙덕, 목계의 하소, 영춘의 청 태머리 등이 대표적 예인데, 이런 곳에서는 돛단배의 운행을 위 해 뱃골을 파곤 했다. 뱃골은 주민들이 갈수기를 이용해서 삽, 가 래 등의 농기구를 이용하여 폭 10–15m, 깊이 3m 정도로 파는데, 그 대가로 지나가는 돛단배마다 골세를 지불하였다.[119]

뱃골이 여의치 않은 지역에서는 여울을 통과하기 위하여 칡줄 등을 사용하여 돛단배를 끌어올리기도 했다. 이때 배는 강 중심 이 아니라 강가에 붙여서 소강하게 되고 돛단배를 끄는 사람들은 강변에서 줄을 잡아당겼다. 이러한 작업을 수월하게 하기 위하여 돛단배는 한 척이 소강하는 것이 아니라 3척 - 5척이 선단(船團) 을 구성하여 소강하다가[120] 여울을 만나면 뱃사공들이 힘을 모아 선두의 배부터 차례로 여울을 통과시켰다. 선단이 없을 경우에는 여울 주변의 마을 주민들을 끈잡이로 고용하기도 하였다. 한진겸 의 『입협기(入峽記)』에 의하면 "내가 탄 배는 큰 배에 비하면 한 잎의 갈대와 다를 것이 없음에도 23인을 써서 끌고 5인이 배를

---

119) 경기도 여주군 금사면 이포리, 최병두 (남, 84세), 2002. 10. 26.
120) 최영준, 앞의 논문, 55-56쪽.
　　 단독 운행이 가능한 구간은 원주 홍호리까지이고, 홍호리에서 충 주까지는 3척 이상, 충주에서부터는 5척 이상의 선단을 만들어 소강 하였다 한다.

밀어서 거의 반나절에야 비로소 올라갔다.”[121]고 하여 끈잡이의
규모 역시 대단했음을 알 수 있다.

또한 통과하기 힘든 여울의 경우 물길을 잘 아는 그 지역의 뱃
사공들이 돛단배를 부려 통과시켜 주고 대가를 받기도 했는데,
충주 소태면 선창 같은 곳에서는 이 일을 거의 전문적으로 하는
사공들도 있었다 한다.[122]

이러한 사항들을 감안하면 돛단배의 운용은 선주나 뱃사공에
의해서만이 아니고 강변 주민들과의 공조를 통해서 이루어졌고,
지역 주민들도 부수적인 이익을 얻을 수 있었음을 알 수 있다.

또한 강가에 연한 마을의 주민들은 주로 농사를 지었지만 직접
배를 타며 생활하는 사람들도 많았다. 돛단배를 두세 척씩 가지
고 있는 선주(船主)들에게 고용되어 전문적으로 배를 타는 뱃사
람도 있었고,[123] 엇거루를 한 척씩 가지고 개인이 장사를 하는

---

121) 김종혁, 「동국문헌비고(1770)에 나타난 한강유역의 장시망과 교통망」,
19쪽에서 재인용.

122) 충청북도 충주시 소태면 선창, 신용식 (남, 82세), 2003. 1. 24.

123) 경기도 여주군 금사면 이포리, 최병두 (남, 84세), 2002. 10. 26.
“짐배는 2–3명의 가족끼리 운영하는 경우가 많았지만, 선주가 뱃
사람을 두고 하는 경우도 있었다. 배는 대개 두세 명이 타는데, 두
명이 탈 경우 화장이라는 취사를 담당하는 사람이 있고, 선장은 영
자라고 불러 물길을 읽고 배의 운행을 지휘한다. 배에는 화덕까지
만들어 놓고 기름을 발라서 불을 때서 밥을 지어 먹는데, 배가 떠날
때 고추장, 짠지를 가져간다. 짐을 부릴 수 있게 일꾼 둘을 데리고
가고, 어떤 때는 소 한 마리를 태우고 갈 때도 있다.
뱃사람들은 선주를 ‘배 임자님’이라 하며, 가족들이 김장할 때나
메주 쑬 때 등 일손이 필요하면 언제든지 와서 도와주었다. 배를 수

경우도 많았는데 주로 양평이나 팔당 등 서울과 가까운 지역이 많았다. 그래서 남한강 수운이 성행하였던 해방 이전까지만 하여도 남한강 물길에는 요즘 4차선 도로에 차가 다니듯이 돛단배가 늘 줄지어 떠다녔다고 한다.124)

이들 장삿배는 마포나 서강, 용산 등지에서 소금, 새우젓과 석유, 직물, 설탕 등의 생필품을 싣고 양평, 이포, 여주, 목계, 충주, 단양, 영월 등지의 나루에 짐을 풀어 놓았다. '배가 가는 때마다 장'이라는 말이 있듯이125) 돛단배가 정박하면 그때그때 지역에 따라 크고 작은 갯벌장이 서서 물물교환[바꿈질]이 이루어졌다. 갯벌장은 정기 시장과 달리 배가 들어올 때만 며칠간 열리는 것인데, 목계와 같은 큰 포구에서는 갯벌장이 난전화하는 것을 방지하기 위해서 일정한 교역장인 도가(都家)를 두어 어염(魚鹽)을 거래하게 하고, 곡물과 소금의 부정거래를 막기 위하여 '말' 감고를 두었다고 한다.126)

또한 양평의 양근나루나 상자포리, 여주의 배터거리, 충주의 목계와 선창 같은 육로와 연결된 나루에서는 커다란 창고를 운영하는 사람들이 있어 이곳에 물건을 보관하였다가 육로로 소달구지

선하거나 돛대 만들 때 다 와서 함께 하는데, 이를 '뱃심 본다'고 한다. 또한 선장인 영자는 배를 부리는 사항의 일체를 기록하여 배 임자에게 주는데, 이렇게 정산을 하는 것을 '일 본다'고 하며, 기록 책자를 '선주일기', '행선일기'라 한다. -제보 내용을 필자가 요약.

124) 경기도 양평군 개군면 하자1리, 김동해 (남, 73세), 2002. 9. 26
125) 경기도 남양주군 마재, 정규혁 (남, 77세), 2002. 9. 11.
126) 최영준, 앞의 논문, 66쪽.

등에 짐을 싣고 인근의 내륙지역까지 올라가 소금과 젓갈류들을 팔거나 곡식과 교환하여 내려왔다.

그러나 남한강 상류지역과 하류지역을 비교해 보면 소유한 배의 척수나 그 운용법은 차이를 보인다. 남한강 상류지역보다는 하류 지역으로 내려갈수록 더 많은 돛단배를 가지고 있었고 배 부리는 것을 전업으로 삼는 사람들도 많았다.

충주를 중심으로 했을 때 남한강 상류지역의 마을에는 돛단배가 없는 지역이 허다하고 황강, 영춘 등 이름난 나루에도 자체 소유하고 있는 돛단배들이 서너 척에 불과하지만[127] 충주 이하 하류 지역의 경우 돛단배가 없는 마을은 거의 없었고, 더 내려와 남한강과 북한강의 합수하는 양평 양수리의 경우 30척 이상의 돛단배를 보유하고 있었다 한다.[128]

이는 남한강 상류 지역으로 올라갈수록 배를 부리기도 힘들지만 주로 마을 주민을 대상으로 바꿈질을 하는 정도라 수익성이 좋지 않았기 때문이라 보아진다. 뱃사람들 사이에 전해오는 말 중에 '이른 봄에 올라간 배는 호박을 심어서 그 호박을 따먹고야 내려온다.'라는 말이 있다는데 이 말은 봄에 짐을 싣고 올라간 배는 장마가 질 때까지 기다렸다가 물이 불어야 내려오기 때문에 생긴 말이라 한다. 이렇듯 사공들의 뱃길은 일 년에 한두 번 정도였으니 —이를 한 행부, 두 행부라고 한다.— 마을 주민을 대상으로

---

127) 충청북도 제천시 한수면 송계리 문화마을, 배용준 (남, 82세), 2003. 12. 29.

128) 경기도 양평군 양서면 양수리, 김용운 (남, 82세), 2002. 9. 25.

┃그림 29┃ 장삿배의 교역 물품 — 새우젓 독과 생활필수품들

하는 지역의 경우 두세 척 이상의 배가 필요치 않았을 것이다.

그러나 남한강 하류 지역인 경우는 사정이 달랐다. 충주는 달천
과 남한강이 합수하는 지역이므로 달천을 따라 괴산 감물까지 돛
단배가 소강하였으므로 교역량이 많았고, 목계, 가흥, 금천 등 조
선 후기 중심 나루들이 밀집되어 있었던 곳이었으므로 그 영향은
수운의 쇠퇴기까지 남아 있었다. 여주, 양평, 팔당 등지에서는 서
울서 소요되는 땔감을 실어 나르는 시목선(柴木船)으로 사용되는
돛단배가 끊임없이 오르내렸고 곡물과 바꿈질을 할 경우에도 구
태여 상류 지역까지 올라가지 않아도 수익성이 많으므로 뚝섬이
나 마포까지 자주 오르내리는 것이 더욱 경제적이었을 것이다.129)

---

129) 양수리 김용운, 2002. 9. 25.
　　"양평 근처에는 땔감을 베는 산판이 군데군데 있어서 양평에서 서
　　울로 내려가는 배는 주로 땔나무를 싣고 갔다. 당시 뚝섬에는 땔나무

5. 남한강 강배의 문화적 활용

남한강 유역은 유구하게 역사가 흐르는 동안 무수히 많은 변화를 겪었고, 그에 따른 다양한 시대적 문화적 층위를 간직하고 있는 지역이다. 선사시대의 유적지로서, 삼국시대의 치열했던 격전지로서, 많은 권문세가를 배출한 사대부 문화의 요람지로서 남한강 유역이 지닌 문화적 층위는 물론 찬연하다. 이와 동등하게 수운의 전성시대에 교역의 중심지로 성장하며 이끌어내었던 문화적 층위 역시 남한강의 역사에서 간과할 수 없는 중요한 부분이다. 문화에는 우열(優劣)이 있을 수 없다. 문화는 시대적 당위성에 의해서 형성되는 것이다.

황포돛단배는 조선 중기까지 세곡선으로, 조선 후기로 와서는 강주인(江主人)이라는 신흥세력가를 등장시키는 상선으로 강을 오르내리며 나루문화를 형성하고 전파하며 남한강 유역의 번영을 가져왔다. 이렇듯 영화를 누리던 황포돛단배는 신작로와 철도

를 도매하는 사람들이 진을 치다시피 하여 서울 각처에 땔감을 공급하곤 해서 당시 뚝섬 나루에는 나무들이 즐비했다.

땔나무를 싣고 갔던 배들은 그냥 올라오는 것이 아니라 마포에 들려 소금이나 젓갈류들을 싣고 올라왔는데, 양평의 각 지역에 물건을 대기도 하였지만 일부는 남한강 물줄기를 타고 충주, 단양, 영월까지 올라가서 쌀, 콩, 팥 등의 곡물과 물물 교환을 하여 내려와 다시 서울 등지로 가서 팔기도 했다. 그러나 일 년에 한 번 정도밖에 가지 못하므로 양평과 서울을 오가며 배를 부리는 경우가 더욱 많았다. 물이 많고 바람만 좋으면 서울까지는 하루면 갔다 오는데 그렇지 않은 경우에는 사나흘이 걸리기도 했다." -제보 내용을 필자가 요약함.

가 완비되는 1930년경부터 쇠퇴하기 시작하다가 1966년 팔당댐이 건설되면서 급기야 자취를 감추고 말았고 이에 따라 남한강 수운의 전성시대도 막을 내리게 되었다.

육로 중심의 교통체계로 완전히 탈바꿈된 지금 남한강의 수운을 부활시켜 옛날로 환원하는 것은 바람직한 방향이 아닐 수 있다. 다만 우리가 진정 아쉬워하는 것은 자신만만하고 활기찼던 남한강의 위상이 사라져간다는 것이다. 돛단배의 역할이 사라졌다고 해도, 그 역사적 가치가 사라질 리 없고, 이와 더불어 번영했던 많은 나루와 장시, 그 속에서 꽃을 피웠던 전통문화가 사라질 리도 없다. 지금도 발길을 잠시 멈추고 귀를 기울인다면 분명 역사의 한 페이지로 기록될 당시의 전통과 문화를 접할 수 있는 것이다. 역사는 환원될 필요는 없지만 간직되어야 하는 것이고 그러한 작업을 통해 앞으로 나아갈 방향이 모색되는 것이다.

남한강 유역은 물길이 끊긴 후 침체의 길을 걸어왔다. 그러나 다가온 문화와 관광의 시대에 남한강 유역은 중흥의 호기(好機)를 맞고 있다. 문화는 단시일 내에 급조될 수 있는 것이 아니며 역사와 전통의 뒷받침 속에서 스스로 빚어지는 것이기에 남한강 문화권은 그에 걸맞은 충분한 자격을 가지고 있다. 고무적인 사실은 근자에 이르러 수운의 전통이 지역 문화의 대상으로 부각되며 문화상품화되고 있다는 것이다. 양평, 여주 등지에서는 돛단배를 재현하였고, 정선, 영월, 단양 등지에서는 뗏목의 제작과 시승을 축제 상품화하였다. 이포에서는 삼신당제가 재현되고 전통장인 청양장이 개설되었다. 이러한 행사가 지역 사회 주민들에게

문화적 자긍심을 불러일으키고 있다는 점에서 소기의 목적은 이미 이루었다고 본다. 하지만 더 나아가 지역 경제를 부흥시키는 문화상품으로서 자리매김하기 위해서는 관민 모두가 인내심을 가지고 거시적 안목으로 이끌어나가야 할 것이다.

최근 돛단배를 재현하여 지역 축제와 문화상품으로 활용하고 있는 예들은 이러한 의미에서 주목된다.

V. 남한강의 뗏목

하루 75대의 나룻배가 오르내렸고,[130] 또 그 사이사이에 뗏목이 내려갔을 한강엔 지금 군데군데 운행 시간표에 맞춰 떠다니는 유람선이 있을 뿐이다. 그리고 그 강을 생활 터전으로 삼았던 사람들은 거의 돌아가고 이제 몇몇 노인들이 경로당에서 혹간 찾아오는 사람들과의 인터뷰 속에서 기억의 편린들을 찾아내고 있을 뿐이다.

한강(漢江)! 그중에서도 한강 발원지[131]를 기준으로 양수리까지 지역을 남한강(南漢江)[132]이라 한다. 1970년대 '한강의 기적'으로 표상되며 한국을 대표하는 브랜드로 인식된 한강은 '역사의 젖줄', '한민족의 젖줄', '민족의 젖줄', '한국의 젖줄' 등으로 불린다. 시대 변천에 따라 다리가 놓이고 댐이 막혀 과거와는 다른 모습을

---

130) I. B. 비숍/신복룡 옮김, 『조선과 그 이웃 나라들』, 집문당, 2000, 83쪽.

131) 조선시대까지의 문헌을 보면 한강 발원지는 오대산 '우통수'로 기록되어 왔다. 이것이 현재의 태백시 하장면 금대산 검룡소(儉龍沼)로 바뀐 것은 1918년 조선총독부 임시토지조사국에서 실측 조사한 결과에 의해서였으며, 우통수보다 32.5㎞ 긴 것으로 밝혀졌다.(신정일, 『신정일의 한강역사문화탐사』, 생각의 나무, 2002, 30쪽)

132) 남한강은 건설교통부장관이 관리하는 국가하천이다. 이 기준으로 보면 남한강 본류는 강원도 영월군의 동강과 서강이 만나는 지점부터 시작되어 양수리까지의 구간을 지칭하는 것으로 볼 수 있다.

하고 있지만, 오늘도 그 역할과 기능은 뚜렷한 것으로 보인다.

1980년대 충주댐 공사와 함께 남한강변에서는 많은 선사유적이 발견되었다. 그 조사 과정에서 약 70만 년 전에 이 땅에 살았던 한반도 최고(最古)의 유적이 발견된 곳도 남한강변이다.[133] 전기 구석기시대부터 청동기시대까지 다양한 문화층을 형성해 온 선사유적을 들지 않더라도, 남한강은 역사시대의 전개와 함께 삼국의 각축이 끊임없이 계속돼 온 곳이다. 그 결과 오늘의 '중원문화(中原文化)'로 불리는 독특한 지역문화를 형성해 왔으며, 그 배경에는 남한강이 자리하고 있는 것이다.

그러나 이 시점에서 남한강을 다시 들추는 이유는 무엇인가? 역사적, 문화적 의미부여 이전에 거쳐야 했던 당연한 작업들이 선행되지 못한데서 발생하는 오류에서 그 이유를 찾을 수 있다. 달리 말해 20년 이상을 지속해 온 남한강 유역의 중심이었던 '중원문화'를 둘러싼 논의들이 시간에 비해 표류되고 있는 현상에서도 발견할 수 있다.[134]

---

133) 이융조,「中原地方의 舊石器文化」,『中原文化研究』, (사)예성문화연구회, 1998, 9쪽.(단양 금굴)

134) 김현길,「中原文化 研究의 回顧와 展望」,『中原文化研究』, (사)예성문화연구회, 1998, 355~372쪽 및「中原文化圈 諸說의 檢討」,『충북과 중원문화』(제3회 충북학 심포지움 발표요지), 충북학연구소, 2000, 9~29쪽 등에서 보면 지난 20여 년간 중원문화와 관련해 진행된 논의들의 대강을 확인할 수 있다. 특히 주목되는 것은 그간의 논의를 통해 史學 중심의 뼈대 세우기와 개념 정립에 치중된 듯한 인상을 갖게 한다. 그러한 인상을 지울 수 없는 이유는 특정 분야의 성과와 더불어 다양한 학문 분야별 점검들이 선행됐어야 함에도 불구하고 그러지

표면적인 현상들에 주목하며 고민해 온 결론은 그 과정의 처음부터 다시 검토해 보자는 것이었다. 사람이 살기 위한 조건부터 순리적(順理的)으로 따져 본다면, 그 이후 생성 발전해 온 문화현상의 이해가 훨씬 쉬워질 것이란 점이다. 그런 점에서 자연스럽게 '물'이라는 인간 생존의 필수요건이 고려되며, 이 지역과 관련해서는 '남한강'이 필수적 고려 대상이 되는 것이다. 이것은 중원문화의 생성 발전과정에서 여러 차례 논의돼 온 대상이기도 하며, 한강에 대한 각종 미사여구에 녹아있는 의미이기도 하다. 하지만 문제는 남한강 자체가 연구대상이 되거나 조사되지는 않았다는 점이다. 일부 결과물들이 있긴 하지만, 한강을 중심 테마로 하여 각각의 필요에 의해 거리상 원거리에서 또는 일부 필요 지역을 대상으로 접근한 성과들이다.[135]

못한 점을 들 수 있다. 아울러 이러한 시행착오가 행정 편의적인 문화정책 속에서 계속되고 있음도 지적해 두고 싶다.(충청북도,『통일시대 대비 중원문화권 위상정립 및 발전계획』(전2권), 2002.)

135) 남한강 또는 한강을 대상으로 조사된 결과물들은 여럿 있다.
① 서울시사편찬위원회,『漢江史』, 1985. ② (사)한국향토사연구전국협의회,『漢江流域史硏究』, 도서출판산책(춘천), 1999. ③ 경기도박물관,『한강』(경기도 3대 하천유역 종합학술조사Ⅱ), 2002 등의 조사연구보고 서류나, ④ 신정일,『신정일의 한강역사문화탐사』, 생각의 나무, 2002. ⑤ 이형석 외,『한강』, 대원사, 1990 등의 답사 개설서류, ⑥ 수도권관광진흥협의회,『민족의 젖줄 한강』, 2001의 여행안내 화보집, ⑦ 국립민속박물관,『한민족의 젖줄 한강』, 신유문화사, 2000. ⑧ 국립청주박물관,『남한강 문물』, 하이센스, 2001 등의 도록류를 대표적으로 들 수 있다.
이 외에 1981년 6월부터 8월까지 한국일보에 12회 연재되었던 '民族의 脈을 찾는 國土探險 南漢江 뱃길 千里'라는 기사가 볼만한데,

문제는 다시 남한강이다. 시간이 너무 오래 되어 접근 불가능한 것은 문헌이나 고고학적 성과에 기댈 수밖에 없다. 하지만 지난 반세기 동안 현장 확인을 통해 정리 가능했을 부분들이 간과되어 잊혀져 가는 것들이 너무 많다. 그중 대표적인 것이 남한강의 수운(水運)과 관련해 있었던 현상으로 돛단배와 뗏목이다.

남한강 물길을 따라 양방향으로 운행하던 돛단배를 통해 강을 배경으로 형성되었던 생활문화가 존재했고, 오로지 나무를 엮어 뗏목으로 내려 보냈던 일방향적인 현상도 존재했다. 이 중 뗏목은 남한강 물길을 이용할 수 있었던 가장 기본이 되는 요소로써, 그 역사의 오래됨을 떠나서라도 반드시 정리되어야 할 부분이다.

뗏목은 그 자체로써 상품이었고, 또한 나무를 베어서 판매하기까지의 전 과정에 종사했던 사람들의 생계 수단이었다. 그리고 그것은 남한강을 따라 상류에서부터 서울까지 각 과정마다 삶의 애환을 담고 있다. 그 다양한 표정들은 결국 우리가 지난 반세기 동안 간과했던 근대 이전의 남한강 이용의 상황들이며, 또한 그러한 삶을 통해 만들어 왔던 남한강을 배경으로 하는 문화를 읽어내는 데 꼭 필요한 요소이다.

이러한 문제의식 속에서 우선 그간 현장 답사와 문헌 조사를 통해 확인한 남한강 뗏목의 여러 사실들을 중심으로 남한강 뗏목 일반 사항에 관한 것을 정리하기로 한다. 또한 뗏목과 함께 남한

충주댐 건설 이전에 마지막으로 남한강 물길을 헤치고 내려가면서 주변의 유적들과 물길에 얽힌 사연들을 담고 있다.(우도봉, 한상철 옹이 사공으로 승선).

강을 삶의 터전으로 살아왔던 사람들의 삶을 에피소드나 아리랑 같은 구비전승적 결과들을 중심으로 살핌으로써 그 속에 배태된 생활문화의 모습을 살피기로 한다. 나아가 현재 지역에서 이루어지고 있는 행사 속에 계속되고 있는 뗏목 현상들을 정리하고 그에 대한 대안을 제시함으로써 전체적인 논의를 정리키로 한다.

1. 남한강 뗏목의 개관

그간 뗏목에 관한 조사는 『인제 뗏목』과 『정선 뗏목』이 대표적이다.136) 이들은 각각 '북한강 뗏목'과 '남한강 뗏목'으로 대별될 수 있으며, 결국 한강으로 내려간 '한강 뗏목'의 대표적인 것들로 볼 수 있다. 그럼에도 불구하고 '남한강 뗏목'이란 명칭으로 구별하고자 함은, 정선 지역이 뗏목과 관련해 유서 깊은 곳으로 그 전체적인 흐름에 있어서 차지하는 비중은 크지만, 그곳 역시 남한강의 일부 지역이기 때문이다.

'남한강 뗏목'이라 하면, 남한강 유역에서 벌채된 목재들이 뗏목로 엮여서 남한강을 따라 운목되어 서울에 이르던 전 과정을 대상으로 한다. 여기에는 수요와 공급의 일반적 경제 원리가 적용되며, 그 과정에서 목상(木商), 벌목꾼, 뗏꾼, 강변의 주막들, 여울

---

136) 최승순 외, 『인제 뗏목』, 강원대학교박물관, 1986.
　　　진용선, 『정선 뗏목』, 정선문화원, 2001.

의 마을들, 심지어 강가의 개구쟁이 등 남한강을 삶의 터전으로 삼았던 다양한 군상들의 모습이 함께 녹아 있다. 이러한 다양한 군상들을 통해 그려지는 유기적인 관계들은 남한강 뗏목을 하나의 독특한 문화소(文化素)로 설정할 수 있게 하며, 남한강을 독립된 연구 대상으로 삼을 수 있는 근거가 되게 한다.

이러한 전제하에서 본장에서는 남한강 뗏목의 벌목에서 운목까지의 과정을 간략히 정리하여 남한강 뗏목의 전체적 밑그림을 그려보기로 한다.

1) 뗏목의 정의

① 뗏목: [목재나 죽재 따위] 떼를 엮어 물에 띄워 내리는 나무.137)

② 뗏목: ① 물에 띄어 나르기 위하여 엮어 묶은 나무, 사람이 타고 몰거나 배로 끈다. ② 물에 띄워 내리는 통나무 같은 것.138)

---

137) 신기철·신용철 편저, 『새우리말큰사전』(상), (주)삼성출판사, 1988 (제9판), 999쪽. 同辭典의 앞선 항(p.998)에서 "떼: ① 나무토막이나 대 토막 따위를 엮어 물 위에 띄워서 타고 다니거나 물을 건너게 된 물건 ② [물 위에 띄워 운반할 목적으로] 원목이나 대 따위를, 길이가 길고 일정하게 엮은 물건. 흔히 사람이 타고 몰고 가기도 하는데, 배로 끌기도 함"이라 정의하고 있음.

138) 사회과학원 언어연구소 편, 『조선말대사전』(하), 동광출판사, 1992, 226쪽. 同辭典의 앞 항(1225쪽)에서 "떼: ① 긴 나무토막이나 통나무

③ 뗏목: 육로교통이 불편한 지역에서 하천의 흐름을 이용, 원목(原木) 또는 대[竹]를 엮어 물에 띄워 내리는 것.[139]

④ 뗏목은 '나무토막 따위를 엮어 물에 띄워서 타고 다니거나 물을 건너게 된 물건'인 떼를 사람이 타고 몰고 가는 구조물이라고 할 수 있다.[140]

이상의 정의를 보면 뗏목의 재료는 나무 혹은 대나무이다. 기본적으로 '떼'를 만들어야 하는데,[141] 현재 우리가 이야기하는 '남한강 뗏목'은 대나무가 아닌 소나무나 기타 목재들을 재료로 하여 한바닥 엮여진 떼를 여러 바닥을 이어서 만든 대형의 구조물로 기왕에 조사된 자료들을 바탕으로 살피면 두세 사람의 뗏사공이 승선해 몰고 갔던 형태의 것을 지칭하는 것으로 이해할 수 있다. 결국 남한강 상황에서 본다면 일반적인 조사에서 증언되는 것처럼 영월 덕포 또는 맛밭에서 대여섯 바닥의 떼가 엮여져 본격적인 항해를 시작하는 것을 '뗏목'이라 할 수 있을 것이다.

같은 것을 엮어 물 위에 띄워서 타고 다니거나 물을 건너게 된 물건 ② (통나무를 물에 띄워 나르기 위하여) 통나무 같은 것을 엮어서 묶은 것. 흔히 사람이 타고 몰거나 배로 끈다."라고 정의하고 있음.
139) 김광언, 『한국민족문화백과사전』(7권), 한국정신문화연구원, 1991, 486쪽.
140) 진용선, 『정선뗏목』, 11쪽.
141) 떼와 뗏목을 구별함에 있어 남한강 상황에서 보면, 정선에서 영월까지 소위 東江의 골짜기를 빠져나오기까지의 한 바닥 내지 두 바닥 정도의 떼를 지칭하는 '골안떼'가 '떼'에 해당되고, 그 후 영월 덕포나 맛밭에서 대여섯 바닥으로 엮여서 남한강 본류의 항해를 시작하는 것을 '뗏목'으로 구분하여 이해하면 될 듯싶다.

2) 뗏목의 용도

기록을 살피면 뗏목은 기본적으로 두 가지 기본 기능을 가지고 있다. 하나는 본래적 기능으로서 강을 건너기 위한 운송 수단으로 이용되었고, 다른 하나는 목재 운반 수단으로 기능하며 사람들의 생계수단의 한 방편으로 이용되었던 것을 볼 수 있다.

(가) 5월, 대군(大軍)이 압록강을 건너서 위화도(威化島)에 머무르니 도망하는 군사가 길에 끊이지 아니하므로, 우왕이 소재에서 목 베도록 명하였으나 능히 금지시키지 못하였다. 좌우군 도통사가 상언(上言)하기를, "신(臣) 등이 뗏목을 타고 압록강을 건넜으나, 앞에는 큰 냇물이 있는데 비로 인해 물이 넘쳐, 제1여울에 빠진 사람이 수백 명이나 되고, 제2여울은 더욱 깊어서 주중(洲中)에 머물러 둔치고 있으니 한갓 군량만 허비할 뿐입니다." ……<후략>142)

(나) 교주도(交州道) 작목 별감(斫木別監) 노상(盧湘)이 아뢰었다. "벌채해 놓은 재목 1만여 개를 지금 곧 운반하려면 그 폐단이 매우 클 것이오니, 원하옵건대, 비온 뒤에 뗏목을 만들어서 강으로 내려오는 것이 편리하겠습니다." 임금이 그대로 따랐다.143)

(다) 임금이 말하였다. "본궁(本宮)을 짓고자 하나 농사를 방해할까 두렵다. 일찍이 사사로이 고용(雇用)한 번(番) 내려간

---

142) 『태조실록』, 총서, '태조가 조민수와 함께 위화도에서 회군하다', CD-ROM 국역 조선왕조실록 제1집, 서울시스템(주), 1997.

143) 태조 4년 2월 19일(계미조), '교주도 작목 별감이 재목을 비온 뒤 뗏목으로 만들어 운반할 것을 아뢰다', 동CD 제1집.

대장(隊長) 60명에게 사람마다 의포(衣布)와 구량(口糧)을 주어서, 낭천(狼川)에 이르러 나무 1천여 그루를 베어 뗏목[桴]으로 묶어서 내려 보내라."144)

　(라) 한성부에 전지하기를 "강원도 백성들이 언제나 농한기만 되면 목재를 벌채하여 뗏목[桴]을 만들어 강물의 흐름을 따라 내려와서, 서울의 강구(江口)에 이르게 되면 이를 매각하는데, 혹은 순전히 이것으로 업을 삼는 자도 있다 하니, ……<후략>……145)

　(마) 만약 부득이한 일이라면, 우선 동구(洞口) 좌우에 극성(棘城)을 설치하고 또 껍질 벗긴 뗏목을 냇물 가운데에 세워서 적이 오는 길을 막았다가, 점차로 돌을 주어다가 쌓되, 막아야 할 곳을 친히 살펴서 서로 떨어진 거리를 재어서 아뢰라.146)

　(가)와 (마)의 경우 본래적 기능인 도강의 의미를 담고 있는 기사이다. 강을 건너기 위한 수단으로 본래부터 이용되었을 것으로 여겨지는 뗏목은 (가)에서와 같이 압록강을 건너기 위한 임시방편으로 이용되고 있음을 알 수 있다. 이러한 기능이 군사적으로 이용되면서 (마)에서와 같이 강바닥에 설치되어 도강을 방해하는 목책(木柵)으로 사용될 수 있음도 보여주고 있다. 나아가 임진왜

---

144) 태종 14년 6월 28일(기사조), '여경방에 새로 본궁을 영조하라고 명하다', 동CD 제1집.

145) 세종 20년 8월 14일(병인조), '한성부에 강원도로부터 내려오는 뗏목을 서울의 강구에서 공가·세도가를 사칭하고 빼앗는 일에 규찰을 가할 것을 전지하다', 동CD 제1집.

146) 문종 원년 6월 29일(병신조), '이산 땅에 성을 쌓을 조건을 아뢰게 하다', 동CD 제1집.

란기나 병자호란기의 관련기사들에서 보면 주요 강의 길목에 있는 집을 헐어 태우거나 나무를 베어 태우는 기사들이 눈에 띈다. 이것 역시 적들이 강변 마을 주변의 나무나 목재들을 이용해 뗏목을 만들어 도강해 오는 것을 막기 위해 취해졌던 조치들로 뗏목이 가졌던 도강 기능에 주목한 것임을 알 수 있다.

(나)와 (다)의 경우, 일반적으로 논의돼 온 궁궐의 재목을 충당하는 방편으로 뗏목을 이용했던 정황들을 보여주는 기사이다. 서울에서 필요한 목재를 산간의 재목들을 이용해 충당하는 것으로 특히 강과 인접한 곳에서 강을 이용해 뗏목을 엮어 내림으로써 상대적으로 손쉬운 목재 운반 수단으로 이용되었던 것이다. 여기서 나아가 (라)의 경우는 목재를 이용해 생계 수단으로 삼는 경우를 볼 수 있다. 이 경우에도 대량의 목재를 운반하기 위해 뗏목을 이용하고 있음을 알 수 있는데, 이러한 것이 확대되어 상업의 한 부분으로 성장해 나간 것임을 알 수 있다.

상업적 측면에서 또는 왕실과의 관계에서 목재로 이용되었던 사항들이 우리의 주목을 끄는 부분이며, 이러한 역사적 사실의 재구와 변천 과정이 곧 19세기적 상황의 전 단계로 이해해야 할 부분으로 생각된다. 특히 목재를 상업수단으로 이용하면서 뗏목의 이용이 컸던 사실은 여러 논의에서 언급된 것들이나 보다 집단적이고 조직적인 행위 주체들이 실록의 여러 기록에서 보이고 있어 주목된다.

목재를 다루는 사람들의 집단에 대해서는 '판상(板商), 목재상

(木材商), 목상(木商)' 등의 용어로 나타나는데, 판상과 목재상의 경우 현종조로부터 보이고 있으며,[147] 목상의 경우 영조조에 가서 용례가 보이고 있다.[148] 이러한 용례의 시대적 변천에 대해서는 상업의 성장 과정에서 어떻게 작용하고 있는가를 보다 면밀히 따져보아야 할 부분이나 자료 조사가 미진한 부분이 있어 논의에서는 제외했다.

3) 뗏목 제작 과정

뗏목을 만드는 과정을 대별하여 정리하면 '벌목(伐木) → 운목(運木) → 뗏목 제작'으로 나누어 살필 수 있다.[149]

---

147) 판상(板商)의 경우 현종 원년 10월 7일(기축조) 기사에 전 원주목사 김경항이 판상과 결탁하여 황장목을 몰래 벤 것을 사건화하는 과정에서 첫 용례가 보이며, 목재상의 경우 현종 원년 11월 1일(임자조)에서 앞의 김경항 건에 대한 재론 과정에서 용례로 보인다.(동CD 제2집)

148) 정언 이수해가 상소하여 민형수를 구해하고, 또 말하기를, "오수채는 일찍이 이현일을 구원하여 명의를 배반하였고, 자신이 강상(江上)에 있으면서 목상(木商)과 체결하고 뗏목을 내려 보내려고 학사를 수리한다고 핑계대어 사학(四學)의 교수 가운데에 모록(冒錄)하고 서명하여 비국에 서장(書狀)을 바쳤으니, ……<후략>" 영조 15년 7월 6일(경술조), 동CD 제3집.

149) 뗏목의 제작과 관련된 사항은 강원대박물관(1986)과 진용선(2001)의 책을 참고하여 요약정리하고, 기타 실록의 관련 기사와 답사를 통해 정리된 자료들을 함께 활용한다.

(1) 벌목(伐木)

벌목은 말 그대로 목재를 베어 내는 일이다. 나무를 베는 시기는 대개 음력 10월에서 이듬해 2월경에 집중적으로 이루어진다. 이 시기에 집중적으로 벌목이 되는 이유는 여러 가지가 있겠으나 가장 중요한 것은 목재로 쓰이는 소나무와 전나무는 봄이나 여름에 베면 청태가 끼거나 뒤틀림이 심해 목재로써 가치가 떨어지기 때문에 목질이 단단한 늦가을과 겨울을 이용하는 것이다.

> 영건 도감이 아뢰기를, "(경덕궁 공사의 목재와 관련해)……<전략>…… 금년 가을과 겨울에 비록 다시 요량하여 마련한다 하더라도 반드시 여름 장마에 물이 불어나기를 기다린 뒤에 뗏목을 만들어 올려 와야 할 것이니, 내년 봄 날씨가 따뜻해진 뒤에 다시 역사를 시작하려고 하더라도 형세상 어쩔 수 없습니다. 재목을 모집하여 들이는 일은 누차 성상의 분부를 받들었지만, 재목은 포목과 같이 부자들이 항상 갖고 있는 물건이 아니기 때문에 전부터 바치기를 원하는 사람이 전혀 없었습니다. ……<중략>…… 금년 겨울철에 산에 들어가 나무를 베어 물가로 끌어내려 내년에 물이 불을 때 뗏목을 만들어 올려 오도록 하며, ……<후략>150)

목재의 재질과 관련된 문제는 벌목 시기를 결정함에 있어 기본적인 고려사항이지만, 산에서 나무를 내리거나, 그것을 다시 뗏목을 이용해 운송하는 방법적인 측면에서도 겨울철 벌목이 이루어

---

150) 광해 12년 6월 13일(기미조), '영건 도감에서 재목 부족을 고하여 대책 마련을 지시하다', 동CD 제2집.

겼던 원인의 하나로 살필 수 있다. 강원도에서는 일부 벌목을 업으로 삼는 사람들도 있었지만, 그들 역시 과거적 상황에서 농사에 종사했으며 또한 대규모 목재를 얻기 위해서는 많은 인력 동원이 필요했으므로 그러한 이유에서 농한기인 겨울철을 이용한 벌목이 이루어진 일면도 엿볼 수 있다.

벌목이 결정되면 제일 먼저 했던 일이 '산치성(山致誠)'이었다. '산신제' 또는 '산치성'이라고 하는 고사는 목상(木商)이 주도하고 벌목에 참여하는 인부들이 참석했는데, 벌목 과정에서 발생할 수 있는 사고에 대비해 산신(山神)께 무사고를 기원하는 고사였다.

산치성은 제의 절차나 제물 내용에 있어 일반적 산신제와 비슷하나 소지(燒紙)는 올리지 않는다. 치성이 끝나면 으뜸 벌목꾼 한 사람이 제단에서 제일 가까운 데의 소나무 한 그루를 도끼로 찍는다. 이때 '어명(御命)이요'라고 크게 외치는데, 이는 왕의 명령으로 나무를 베는 것이니 동티를 내지 말라는 습속에 따른 것이었다. 나무가 넘어지면 치성을 드렸던 사람들은 일제히 환호하며 음복한 후 벌목을 시작한다.

벌목은 톱과 도끼를 사용해 이루어진다. 작업 위치와 나무가 넘어지는 방향을 고려해 톱과 도끼를 함께 쓰는 것이 일반적이었다. 벌목할 때는 넘기고자 하는 방향에서 도끼 등을 사용해 작업을 시작, 나무의 지표면과 가까운 가장 아랫부분을 도끼로 찍어 틈을 낸 뒤 반대편에서 먼저 끊어낸 곳보다 위쪽을 도끼로 찍거나 톱으로 끊으면 넘기고자 하는 처음 방향으로 나무가 넘어지게 된다. 넘겨진 나무는 잔가지를 치고 정해진 길이에 맞게 잘라내게 된다. 이렇게 잘라 다듬어진 목재들은 여러 가지 방법으로 옮겨지게 된다.

(2) 운목(運木)

산판을 통해 벌목된 나무는 그 소용처로 옮기기 위한 운반 과정을 거친다. 일단 산에서 내리는 방법부터 해서 다시 그것을 제2, 3의 장소로 옮기는 과정을 거쳐 뗏목으로 엮이게 되는데, '통길'을 이용하거나, 사람이나 소에 의한 '목도' 또는 비교적 수량이 큰 물길을 이용하는 방법들이 남한강 상류에서 행해진 운목 방법들이다.

통길을 이용하는 방법은 벌목하면서 드러난 경사면과 골짜기를 이용해 나무를 내리는 방법이다. '통길'은 골짜기의 경사를 이용해 나무가 벗어나지 않고 미끄러져 내릴 수 있게 인위적으로 만드는 길로 목재를 세로로 놓아 반월형의 단면이 이어지는 것처럼 만든다. 통길의 바닥에 해당되는 곳에는 비교적 직경이 가는 나무를 놓고 양쪽으로 굵은 나무를 놓아 우묵한 지형을 만들게 되는데, 여기에 나무의 밑동을 아래로 향하게 하여 내려 보내면 목재들이 자연스럽게 통길과 골짜기를 타고 산 아래까지 내려가게 된다.[151] 통길을 만드는 데 이용됐던 목재들은 산판이 끝난 후

---

151) 통길을 이용하는 운목은 지금도 쓰이는 방법이다. 2002년 4월 남한강 발원지부터 태백에서 정선으로 내려오면서 길가에서 벌어지는 산판을 목도했는데, 바로 이러한 통길을 만들어 벌목된 목재들을 길

┃그림 30┃ 목 도

위에서부터 통길을 통해 내려 보냄으로써 크게 버릴 만한 목재는
없었다. 이렇게 하여 산 아래 목재가 내려오면 야적하게 되는데
이곳을 토장(土場)이라고 한다.

　목도를 이용한 운목은 토장에 쌓은 목재들을 뗏목을 만드는 장
소까지 옮기는 두 번째 단계의 운목 방법이다. 목도는 보통 길이

가로 내려 보내고 있었다. 반면 요즘 곳곳에서 벌어지고 있는 대규
모 간벌과 산판의 경우 임도(林道)를 지그재그 갈지자로 개설하여
산판차가 다닐 수 있게 하여 벌목된 목재들을 실어내는 방법도 흔
히 보인다. 짧은 안목에서 그 장단점을 따지기는 어렵겠지만, 임도
개설에 따른 여러 가지 문제가 제기되는 상황에서 보면 통길을 만
들어 운목했던 조상들의 전통방식이 어려운 일이긴 했어도 보다 자
연친화적인 방법이 아니었나 생각된다.

2m, 직경 12㎝ 정도 되는 목도채를 이용해 사람의 힘으로 나무를 목도줄에 걸어 맞메고 옮기는 방법이다. 목도채는 탄력성이 좋은 사시나무나 고로쇠나무를 주로 썼으며, 목도줄은 일제시대까지만 해도 삼을 말린 껍질인 '조락'이나 피나무 껍질을 물에 불려서 가닥을 엮어 썼으나 해방 이후에는 밧줄을 사용하기도 했다고 한다.

목도질은 옮기려는 나무의 길이와 무게에 따라 2목도, 4목도, 6목도, 8목도 등으로 구별됐는데, 일제시대에 굵은 나무가 나갈 때는 12목도까지 있었다고도 한다. 2목도는 2인 1조를 뜻하는데 나무 앞부분을 목도줄을 매어 들고 끄는 방식으로 각각 목재의 크기에 따라 선택적으로 이용되었다. 조선시대의 경우 사람이 지는 목도뿐만 아니라, 소를 이용하던 상황도 기록에서 보인다.152)

이렇게 목도로 옮겨진 나무들은 이른 봄 뗏목을 엮는 곳까지 물길을 타고 내려가기 전까지 강이나 하천 옆 집목장에 쌓아 두게 된다.

뗏를 엮는 곳까지 직접 목도하지 않고, 지천(支川)의 물을 이용해 내리는 방법들도 있었다. 정선의 아우라지나 나전이 뗏목을 엮는 곳이었는데, 아우라지에서 합수되는 송천과 골지천을 이용해 상류에서 목재를 하나씩 떠내려 보내는 방법을 쓰기도 했다.

---

152) '광주유수 김재창이 헌릉의 나무 밑둥치를 적간한 형지를 치계하였는데, ……<중략>…… 혹은 전목(全木)으로 도(檉)를 만들어 사람이나 소로 져서 나르고 끌어내리느라 어린 소나무와 전나무, 잡목이 부러지고 상한 숫자가 아주 많았습니다. ……<후략>', 순조 25년 6월 12일(무진조), 동CD 제3집.

이것을 '적심한다'고 불렀는데, 겨울엔 물이 얼기 때문에 일정한 곳에 야적해 두었다가 봄물이 녹으면 아우라지를 향해 하나씩 떠내려 보냄으로써 험한 산간 지형을 극복할 수 있었다.

적심을 하게 되면 중간 중간의 큰 바위에 나무가 걸리는 경우가 있었다. 이것이 겹쳐져 큰 덩이를 이루는 경우 '더미'라 불렀다. 이럴 때는 걸린 나무를 풀어주어 내려가게 해야 했다. 이런 일을 '덤떼미'라고 했고, 이 일은 노련한 기술자라야 가능했는데 '적심꾼' 또는 '철떡꾼'이라 불리는 사람들이 했다고 한다.

적심을 통해 떼를 엮는 곳까지 도착한 목재들은 강가에 쌓아놓아 산더미처럼 되는데, 이것이 봄물을 기다려 떼로 엮여지는 것이다.

|그림 31| 적심

(3) 뗏목 제작

우수 경칩이 지나 얼음이 녹고 큰비가 내려 강물이 불어날 조짐이 보이면 떼꾼들은 뗏목을 엮어 떠날 준비를 한다. '떼 타러 가세'라는 소리와 함께, 적심꾼이 야적된 뗏더미를 풀면 목도꾼들이 조를 이뤄 목도 소리를 하고 발을 맞추면서 나무를 하나씩 강물로 옮긴다. 나무가 쌓이면 목상들은 타고 갈 떼꾼들을 불러 모아 줄을 나눠주고 떼를 엮게 한다.

뗏목을 만드는 방법에는 첫째 칡덩굴이나 쇠줄로 연결하는 법, 둘째 나무 끝에 구멍을 뚫고 이에 나무덩굴이나 밧줄을 꿰어 연결하는 법, 셋째 쇠고리를 박고 이에 칡덩굴이나 밧줄 등으로 잡아매는 법이 있다.

나무의 굵기나 길이의 정도에 따라 궁궐떼(길이 6m 이상, 지름 60~90㎝ 이상), 부동떼(길이 6m 정도, 지름 15~60㎝ 정도), 가재목떼(길이 3.6~3.9m, 지름 12~15㎝)로 나누며 이보다 더 작은 나무로는 화목떼와 서까래가 있다.

뗏목은 '한 동가리(棟)'를 기본 단위로 만들었다. 부동떼의 경우 제일 앞쪽에 띄우는 통나무는 25~35개, 너비 5~9m, 길이는 6m 정도가 되는데 이를 '앞동가리'라 부르며, 이어서 4개의 동가리를 더 붙여서 '한 바닥'을 만든다. 뗏목은 언제나 이와 같이 닷 동가리를 한 바닥으로 엮는다. 그런데 둘째 동가리부터 끝동가리까지는 엮는 나무의 수를 2, 3그루씩 줄여 나가서 뒤로 갈수록 좁아지는데, 한 바닥은 보통 150~200그루로 이루어진다.

그리고 2, 3명이 한 바닥을 엮는 데는 2, 3일 걸린다. 한편, 두 동가리에서 닷 동가리까지는 서로 한 몸이 되도록 튼튼하게 묶지만, 앞동가리만은 앞사공의 운전에 따라 좌우로 움직일 수 있도록 두 동가리 사이를 떼어서 연결한다. 앞동가리의 앞머리에는 노의 구실을 하는 '그레(또는 거레)'를 걸기 위한 가위다리모양의 강다리를 세우며, 이 밖에 삿대를 따로 갖춘다.[153]

이렇게 하여 뗏목이 완성되고, 완성된 떼는 2, 3명의 뗏사공이 운반하게 된다.

4) 뗏목의 운반

뗏목이 완성되면 떼꾼들은 정선의 아우라지나 나전에서 물이 불기를 기다린다. 물이 적당히 불어나 떼가 뜰 만하면 목상의 주재로 강치성(江致誠)을 드린다.[154] 뗏목 제작까지의 과정이 산신에게 달린 일이었다면, 이제부터는 강에 매인 일이라 뗏목의 안전 운행을 기원하는 고사를 드리게 되는 것이다.

강치성을 드릴 때는 여성들의 접근은 엄격히 금지됐으며, 치성 후 떼가 출발할 때는 작별인사를 하지 않았다고 한다.

---

153) 이상 '뗏목제작'은 김광언, 『한국민족문화백과사전』(7권)에서 발췌.
154) 강치성은 1900년대 초반 들어서면서 사라지기 시작해 일제시대엔 특별한 경우를 제외하곤 드리지 않았다고 한다.(진용선, 『정선뗏목』, 57쪽)

│그림 32│ 강치성

(1) 골안 뗏길

정선 아우라지나 나전에서 시작하여 영월 덕포까지의 동강 줄기
를 내리는 뗏길을 '골안떼'라고 한다. 요즘 동강 레프팅 등으로 알
려진 것처럼 이곳의 물길은 처음부터 쉽지 않은 곳이다. 따라서
골안떼만 전문으로 운행해 주던 사람들이 따로 있었다고도 한다.

뗏목은 봄철부터 늦가을까지 계속 내려간다. 첫 떼를 '갯떼기'
라고 하는데 보통 이른 봄 3~4월에 떠나고, 마지막 떼는 '막서
리'라고 하는데 늦가을에 떠났다고 한다. 경우에 따라서는 목상의
부탁으로 겨울에 나가는 뗏목도 있긴 했지만, 전체적으로는 '갯떼

기'에서 '막서리'까지가 떼가 나가는 시기였다.

강치성을 끝내면 떼꾼들은 목상으로부터 목재의 수가 기록된 '도록(都錄)'을 건네받고 확인 도장을 찍는다. 서로 간 확인이 끝나면 떼꾼은 목상으로부터 '파리밥'과 '골세', '여비' 등을 챙겨 출발한다.

뗏목은 보통 2명의 뗏사공으로 구성됐는데, 앞사공을 '앞구잽이' 뒷사공을 '뒷구잽이'라 하였고, 경우에 따라서는 3명이 승선하기도 했다. 그중 앞사공은 물길을 훤히 아는 노련한 사람으로 여울과 유속, 각 지점의 물 특성 등을 꿰고 있는 사람들이었다.

정선 아우라지에서 출발하는 떼의 경우 상투비리, 용탄의 범여울, 평창 마하리의 황새여울, 영월 거운리의 된꼬까리, 삼옥리의 제남문 등 위험한 여울과 바위를 지나 이틀 내지 삼 일 만에 영월 덕포에 다다르게 된다. 물이 크게 불어 홍수가 질 경우 당일 안에도 올 수 있지만, 이럴 경우에는 위험 부담이 배가 된다.[155)]

(2) 정양 무넘이

영월 덕포에 도착한 떼는 잠시 쉬어서 본격적인 남한강 항해를 준비한다. 동강과 서강이 만나는 덕포를 기점으로 '남한강(南漢江)'이 시작되는데, 영월 정양의 화력발전소로 인해 생긴 보(洑)는 뗏길을 방해하는 장애 요인으로 자리하게 되었다.

골안을 빠져나오면 보통 몇 개의 위험한 여울만 피해 가면 서

---

155) 이상 진용선, 『정선뗏목』에서 요약.

울까지 사흘이면 되는 길이었는데, 떼꾼들의 생명을 위협하는 장소로 '정양 무넘이'가 기다리고 있었다.

조사자: 저희들이 온 거는, 남한강, 한강이지요. (한상철: 한강) 예, 옛날에, 옛날얘기. 으르신께서는 떼를 타고 그러셨다고 들었는데 그 얘기들 포함해서 옛날에 댐이구 뭐구 없을 때,

한상철: <댐 얘기에서 목청이 높아졌다> 댐 읊을 때 뭐 저 정선, 뭐 여량 그쪽에서 나무가 많이 나왔거든. 거기서, 거기서 떼를 매면, 조붓하게 매요. (반 동가리짜리요?) 반 동가리짜리. 그래 그걸 몇 개를 들려서 여기 나오는 게 한 떼라고 하면은 네 바닥 반, 다섯 바닥을 조립을 해야지 그게 떼가 된다 이거여. 그래 그걸 어서 하느냐면 영월 덕포서 하거든. 덕포서 해가지고, 거 전양 무넹지를 넘기거던. (거기가 그렇게 위험했다면서요?) 예, 거기서 조립을 해가지고. 거기서 그 떼 아주, 그 때만 그 무넹지를 떼 주는 사람이 따로 있었어. (거기만 넘겨주는데요) 야, 전부덕이라고 아주 그 (전부덤 씨요?) 네, 전부덤이. 그 아주 진적으루 했는데, 거기서 죽었다구. (그거 내리다가요?) 거길 물이, 떼목을 타면 거 가면 그만 이 떼 잔등이 건너 있잖어? 떼널을 바짝 떼바닥에다 눌러가지구 들이 매구서 납작 엎디리야지, 손을 놓지지 않어야지 살지, 손만 놓지면 그만 사람은 사람대루 떠나가구, 낭구는 낭구대루 떠나가구 이랬을 꺼 아니여. 이 이렇게 되니까 이렇게 내리 떠가지구, 그냥 이렇게 멀리 가서 그 큰 누무 떼바닥이 물속으로 푹 빠져가지구 솟어나오는데 거꺼정 가야 된다 이 말이여. 그래니, 헤헤헤, 반은 죽은 거 겉은 거지 뭐.[156]

---

156) 충북 제천시 청풍면 광의리, 한상철 (남, 82세), 2002. 4. 5.

현재 지역에서 만날 수 있는 생존 뗏사공들의 기억에는 한결같이 정양 무넘이에 대한 악몽이 자리한다. 한상철 옹의 증언에서처럼 정양 무넘이를 넘기는 일이 큰 과제였으며, 이로 인해 현재의 생존자들의 기억에 존재하는 공식적인 남한강 떼의 출발 지점이 영월 맛밭으로 자리하게 된 것이다. 정양 무넘이는 결국 돛단배의 운행에 있어서도 장애 요인으로 작용해 후대의 기억에 맛밭까지만 배가 올라올 수 있었던 것으로 증언되는 계기가 되었다.

(3) 맛밭에서 서울까지

정양 무넘이까지 지나온 떼들은 영월 맛밭에 모이게 된다. 경우에 따라서는 덕포 또는 맛밭부터의 물길을 '아랫강 물길'이라고도 하는데, 하류로 내려갈수록 물길이 순탄해지면서 상대적인 어려움의 비교에서 대조되기도 한다.

맛밭에서는 다섯 동가리 한 바닥 떼들을 다시 엮어 네 바닥 또는 다섯 바닥 떼로 만든다. 이렇게 엮여진 떼는 본격적으로 큰 강을 항해할 준비가 끝나는 셈이다.[157]

영월 맛밭에서 서울까지는 크게 두 지점으로 나뉜다. 지점이 되는 곳은 충주의 탄금대 합수머리로, 상류지역의 경우 심한 여

---

157) 이렇게 엮여진 떼를 놓고 골안떼와 비교하는 경우들을 흔히 본다. 골안떼를 탔던 사람들은 나무의 굵기나 크기 등으로 인해 아랫강의 떼는 떼도 아니라고 하고, 반대로 뗏목의 규모로 인해 덕포나 맛밭에서 넘겨받아 몇 바닥 떼를 다시 매어 탔던 사공들은 골안떼는 떼도 아니라고 하는 경우를 흔히 볼 수 있다.

울이 많고 물길이 험하다고 하며, 합수머리부터 서울까지는 비교
적 수량이 풍부하며 순탄한 길이라고 한다. 보통 맛밭에서 서울
까지는 사흘 정도 걸렸는데, 경우에 따라서는 일주일 걸릴 때도
있었고, 물을 잘못 만나면 기간이 더 걸릴 수도 있었다고 한다.

조사자: 아, 물에 따라가지고 차이가 났구만요? 빠르면 맛밭에서 서
　　　울까지 며칠이나 걸려요?
한상철: 뭐, 사흘에도 갈 수 있지.
조사자: 물 많을 때는 사흘에 가고요.
한상철: 물 많을 때는 그저 세 나절에도 가는데, 그렇게 안 가거던.
　　　그만 한나절 되면은 대구, (쉬고) 그럼, 안 가거던.
조사자: 나눠 나눠 나눠 세 나절에 가면은, 맛밭에서 물 좋을 때,
한상철: 맛밭에서 물 좋을 때 지금 어딜 가느냐 하면은, 저 지금 탑
　　　들 간단 말이여. 충주 탑들. 탑들 알지? 꽃바우, 종댕이 밑에.
　　　(아, 동량면 화암리요?) 응, 거기다 댄단 말이여.
조사자: 그럼 두 나절엔 어딜 가셨어요?
한상철: 거 가면 인제 저기 저, 떡소 가지. (덕소?) 덕소, 응. (거기까
　　　지 두 나절에 가고) 거 가서 인제 물이 많으면, 못 대면 그만,
　　　에, 하마 사람이 먼저 가거덩. 거 가선 두 바닥 이래 막 절구
　　　[결구]를 해요. 한군데다 엮어. 냅다 막 쩜매뻐려. 쩜매가주 내
　　　리 띄우구섬에, 대기 힘드는 거 기간배[기관배] 가지구 들어오
　　　라 그래가지구 섬에 들어가지. 그래믄 뭐, 광나루 댈 쯤에 다음
　　　날 못 대면 그만, 저 뚝섬 가 대구, 뚝섬 가 못 대면, 저 마포
　　　가 대구 그랬지.[158]

---

158) 한상철, 2002. 4. 5. (김태우 · 김희찬 조사).

증언에서 보면 '맛밭'에서 출발하여 첫날은 충주 탑들(현 가금면 중앙탑 부근) 정도에 정박하고, 다음날 여주 덕소, 그리고 사흘째 광나루에 도착을 하는데, 광나루의 사정에 따라 뚝섬이나 마포까지도 내려갔다고 한다.

떼나 배를 운행하면서 가장 어려운 것이 여울을 지나는 일이었다. 아예 낮은 여울은 해당 지역 마을에서 골을 파놓고 골세159)를 받으며 끌어올려주거나 내려주었다고 하는데, 그 외에도 지나기 어려웠던 험한 여울들도 몇 있었다고 한다. 맛밭에서 충주까지 있었던 주요 여울들을 살피면 다음과 같다.

골아우여울 - 맛바우여울 - 돌바우여울 - 정문이여울 - 누릅꾸지여울 - 까치여울 - 꽃바위여울 - 용수꾸미여울 - 황공탄[으시시비비미여울] - 수기여울 - 용구먹여울 - 의주사여울 - 창내여울 - 문지방여울 - 사라여울 - 도리채여울 - 범의여울 - 대지여울 - 도지여울 - 청풍여울 - 삽지여울 - 남매여울 - 늪실여울 - 고지여울 - 구담봉여울 - (장회여울) -

---

159) 골세를 받았던 곳으로 양근의 모래여울, 여주의 앙암[충주 엄정면 앙암인 듯], 충주 목계의 하소여울, 단양 영춘의 청태머리 등이 보고되어 있다.(최영준, 『국토와 민족생활사』, 한길사, 1997, 122쪽) 또한 조사 과정에서 떼를 타고 내려가면서 골세를 냈던 곳으로 '목계 밑에 제비여울, 양평 밑에 모래여울, 청풍 앞에 여울' 등이 증언되고 있다. [한상철, 2003. 2. 26. (김희찬 조사)]

또한 골세로 지불하는 금액의 경우 최영준 조사에 의하면 배를 기준으로 척당 백미 1말 정도였다고 하는데, 한상철 옹의 증언의 경우 떼를 몰고 내려가면서 500원, 400원 정도씩을 줬다고 한다. 금액과 관련된 부분들은 물가변동의 기준을 확인해 현재 가치로 환산하여 정리할 필요가 있다.

터준뎅이여울 - 가재여울 - 너푼쟁이여울 - 구무여울 - 축목여울 - 단양여
울 - 바메여울 - 수양개여울 - 날발치여울 - 구두여울 - 상진여울 - 노동리
여울 - 별곡리여울 - 도담여울 - 석문여울 - 덕천여울 - 수리여울 - 수염목
여울 - 암산여울 - 향산여울 - 가메여울 - 가제여울 - 남촉여울 - 청태머리
여울 - 북벽여울 - 오사리여울 - 용탄윗여울(또는 우여울)[160]

충주 영월간 구간에 80개 정도의 여울이 분포하는데, 그중에 가
장 유명했던 곳은 청풍읍 8㎞ 하류에 있는 황공탄(惶恐灘: 으시시
비비미여울 / 비비미여울)이다. 『여지도서』에 보면 '황공탄은 부
(府)의 서쪽2리, 서창(西唱)의 위쪽에 위치하고 있다. 상하 두 여울
이 있는데, 문지방과 같이 가로 누운 바위가 있어 성난 파도가 거
세게 부딪히곤 하여 그 기세가 매우 험난한 곳이었다. 아랫여울은
물이 합쳐져 못을 이루었는데, 매우 깊어 검푸른 빛을 띠고 있다.
그 지역 사람들은 "물 밑바닥에는 모두 널따란 바위가 있는데, 서
너 군데 험한 곳에 가마솥과 같이 구멍이 뚫린 바위가 있어 그
깊이를 예측할 수 없다."라고들 하였다'라 기록하고 있다. 이러한
기록은 현장 조사에서도 그 사실을 뒷받침해 주고 있다.

조사자: 여울 이름 중에 또 재미난 게, 으시시비비미여울.
한상철: 비비미여울두 있지.
조사자: 이게 아까 그 황공탄이라고 하는데. 황공은 인제 한자로 써
        놓은 건데요. 이게 풀어쓰면은.
한상철: 그게 인제 저 비비미 여울이라는 게 여기여, 여기 저 용탄이

---

160) 이상 최영준의 『국토와 민족생활사』(한길사, 1997, 115쪽), 한상철의
    증언(2003, 2, 26)을 종합하여 정리.

라는 데. 한수 우에.

조사자: 여기는 뭐라고 나와 있냐면은, 서창 위에.

한상철: 응, 서창 우에. 거가 거가 저기 떼가 잘못하면 물속으로 막 비비서 미래 수숫잎 꼬이덧 꼬이서 사람이 죽넌 데여. 장마 지면 거 못가는 데여.

조사자: 그럼, 그쪽으로 붙이면은 그냥 가는 거네요.

한상철: 그럼. 떼두 참 물 많으면 글루 안 가구, 뭐여, 한수 우에 뭐여, 거가 어디여.

조사자: 딴 데로 돌아갔어요?

한상철: 어, 거기 돌어가는 데 있지. 창내, 창내서 이렇게 묘지 앞에서 돌어가는 데 있어.

조사자: 아주 장마지면은 비비미여울이 제일,

한상철: 하, 거긴 아주 뗏사공 잡어먹는 데 거기라 그러잖어. 저기 저 떡소 남바우 하구. 거 가면 아주 뭐 사공 잡어먹는 덴데, 뭐.

조사자: 그 두 군데가.

한상철: 어. 아 요기서 아침 먹구 가가지구 고기서, 저 정선 사람인데, 아침 먹구 갔는데 을마 안 있다가 죽었다구 통문이 오던데 뭐. 저 구들기서 사고가 나섬에. 우리가 떠나지 말라 그랬거던. 거기가 물이 많은데. (조사자: 아, 장마 때 내려와가지구) 여기서 떼를 곤 첬거던. 아주 그 가물에 새끼줄 썼구 이런 걸 곤첬거던 거기서. 그래 물이 더 빠지거던 가라구, 가지 말라구 우리가 말렸거던. 에 이 괜찮다구. 그래구 떠났어. 그래 쪼끔 있다니깨는, 저 떠나구 쪼 끔 있다내깨는 거기서 뗏사공 죽었다구 통문이 왔으니까 뭐.

조사자: 말을 들으셨어야 됐는데, 안 들으셨구만요.

한상철: 서창, 서창이여. 서창서, 서창 앞에서 물 많으면 돌어갔거던. 거기 물 죽을 땐, 서창서 이래 봐두, 거기 떼 넘어가는 게 안 뵈이여. 이래 쑥 빠져가지구. 물 많을 때 이래 보면 타리[또아리] 같어. 물이 꼬이가지고 돌어가서, 어, 타리 같어.

212

조사자: 그럼 거기 조금 잘못 들어가면 그냥,

한상철: 그럼 벳바디, 물맑기가 미런 벳바디 같은데 고것만 비끼스면
고만 홱 돌어가구 막 꼬인대잖어. 그래 고길 잘 타구 나가야지,
그 물줄기를.

조사자: 제일 어려웠겠구만요.

한상철: 하, 제일 어렵구 말구지. 거기 가면 겁 안내는 놈이 읎어.
물 많어선. 전양 무넘에 넹기는 거보다 더 힘드는 건 거기여.

조사자: 비비미 여울이요.

한상철: 비비미여울, 서창. 용구먹이라 그래잖어. 용구먹.161)

이처럼 죽을 고비를 넘겨 어려운 물길을 헤치면서 떼꾼들은 주
어진 임무를 다하고 떼를 서울의 목상에게 넘겨주게 된다. 이러
한 과정을 거치면서 뗏목운반의 긴 여정이 끝나고, 남한강 뗏목
의 벌목부터 운목까지의 과정이 정리되는 것이다.

5) 남한강 뗏목의 성쇠

남한강 뗏목의 역사 전체를 확언하기는 어렵다. 하지만 이상의
내용들이 뗏목을 이용하던 전 시기를 통해 발전해 온 과정으로
볼 수 있으며, 동시에 그 쇠퇴 과정으로 볼 수 있다.

그렇다면 이러한 쇠퇴의 원인은 무엇인가? 대부분의 논의에서
언급하고 있는 것이 육상 교통로의 정비와 그에 따른 운송수단의
변화,162) 또한 교량 건설163)과 각종 댐의 건설164)을 들고 있다.

---

161) 한상철, 2003. 2. 26.

수운 이용의 쇠퇴는 소위 근대로의 이행 과정에서 변화된 역사적 변화와 궤를 같이하고 있음을 알 수 있다.

그렇다면 남한강 뗏목의 운행이 중단된 시점은 언제일까? 일부 1960년대까지도 목격됐다는 기록도 보이긴 하지만, 답사를 통해 확인할 수 있었던 것은 1950년대 초반의 한국전쟁 시기 직후로 파악된다.[165] 이러한 증언은 목상이나 뗏꾼, 또는 강변 마을 답사

162) 1905년 경부철도의 개통과 1930년 수여선 개통, 1939년 중앙선 개통 등은 대량의 물자 수송에 있어 육로 이용의 획기적인 변화를 가져 왔으며, 동시에 수운을 이용한 전통적인 운송 방법이 쇠퇴하는 한 원인으로 지적된다.

163) 교량 건설이 수운에 미칠 수 있는 영향은 지난 4월 28일 여주의 조 포나루에서 있었던 황포돗단배 진수식에서 확인할 수 있었다. 즉 돗 대를 전통 기준에 맞게끔 제작했었는데 여주대교 밑을 통과하는 과 정에서 윗부분이 교량에 걸릴 위험이 있어 1m가량 잘라냈다고 한 다. 이러한 경우로 미루어 볼 때 각종 교량의 건설은 수운 이용의 장애물로 등장하기에 충분했던 것으로 짐작된다.

164) 1944년 청평댐 축조 이후 북한강을 통해 서울로 오가는 선박과 뗏 목 운행은 완전히 사라졌고, 남한강의 경우 1960년대까지 간혹 볼 수 있었던 나룻배와 뗏목들이 1985년 충주댐 건설로 인해 완전 중 단된 상태이다.

165) 한상철 옹의 기억에 의하면, 1950년 9. 28 서울 수복 직후 청풍 지역 에서 벌채된 나무를 엮어 14명이 각각 2인 1조로 나누어 타고 광나루 까지 내려갔던 것이 마지막이라고 한다.(2003. 2. 26일 조사) 또한 이 화종 여사(72세, 엄정 소재지)의 경우 부친이 한수면에서 목상을 했었 는데, 1950년 6월에 여덟 바닥 뗏를 한강 다리에 갖다 부리는데 전쟁 이 나서 버리고 돌아왔던 것이 마지막이라고 기억하고 있다.(2002. 12. 26일 조사) 소태에 사는 권태도 옹의 경우 직접 뗏를 팔러 서울에 다 녔다고 하는데 1950년에 두 번 내렸던 뗏를 전쟁 때문에 모두 잃었다 고 하며, 전쟁 직후 벌채한 나무는 내지 못하고 있다가 연초조합에서

를 통해 어린 시절 회상에서 보편적으로 확인되는 것으로 남한강 뗏목의 시작은 언제인지 모르지만 비공식적인 중단 시기는 1950년대 초반으로 정리할 수 있을 듯하다.

2. 뗏목에 얽힌 사연들 - 남한강 사람들의 삶

1) 뗏목과 정선아리랑

일반적으로 남한강 상류 지역은 '정선아리랑'으로 대표되는 아리랑권에 속한다.[166] 이 정선아리랑은 고려(高麗)의 망국과 정선으로 은거한 일곱 선비의 사연에서 연유됐다고 한다. 그 가락이 구슬프고 곡조가 구성진 것을 특징으로 하며, 듣는 이로 하여금 처량한 느낌이 들게 한다.

정선아리랑은 그 가사를 놓고 '수심(愁心), 산수(山水), 애정(愛

담배 건조용 화목으로 내라고 하여 그때 돈으로 스무 자루를 지폐로 받았던 기억이 마지막이라고 증언한다.(2003. 6. 9.)

[166] '정선아리랑'이 가장 보편적인 용어이다. 반면 근래 들어 유행하는 지자체 단위의 지역학 연구와 유사한 '영월아리랑'이란 주제의 행사도 있어 주목된다. 2003년 5월, 영월책박물관의 연중 기획 주제가 '영월아리랑'이었다. 당장은 아니겠지만, 고장 명칭과 아리랑의 합성어가 보편화된다면, 기왕의 아리랑 연구 자체를 재론할 상황도 있을 법하다. 그럴 경우, 세분화된 현상을 아우르는 개념에서의 '남한강' 또한 유효할 것으로 생각되며, 이러한 상황을 염두에 두고 주제에 접근하는 자세도 견지할 필요가 있다.

情), 조혼(早婚), 모녀(母女), 부부(夫婦), 상사(相思), 이별(離別), 근면(勤勉), 고부(姑婦), 찬유(讚遊), 후회(後悔), 무상(無常), 미망(未忘), 팔자(八字)편' 등으로 분류하기도 한다.[167]

떳목과 관련하여 정선아리랑을 소재로 삼는 이유는, 현장 답사를 통해 확인한 결과 남한강의 일정 지역까지만 보편적으로 불리고 있기 때문이다. 즉 제천시 청풍면 상류지역에서는 6∼70대 노인의 경우 소리를 청하면 정선아리랑 한 소절씩은 해 주는 반면, 이하 하류 지역에서는 흔히 접할 수 없는 현상이었다. 이러한 현상은 통혼(通婚), 이주(移住) 등에서 원인을 찾을 수도 있겠지만, 떼를 탔던 사람들이 많았던 지역에서 흔히 나타나고 있음은 주목할 일이다.

허순자: 근데, 오빠 오빠. 강원도 노래 해 보래, 정선아리랑 하래, 한
        분 해 봐.
한응근(소리): 정선읍 내에 물레방아는 물만 안구나 도는디 허∼이
        우리 집에 저 낭군님은 날 안구 왜 못 도나아[168]

'물레방아-낭군'의 이 가사가 쉽게 접할 수 있었던 유의 것들인데, 직·간접적으로 떳목으로 상징되는 남한강 상류 지역의 과거의 생활상을 반영하는 것으로 해석된다.[169]

---

167) 정선군,『旌善의 鄕史』(내고장 전통 가꾸기), 2001, 204쪽∼213쪽 참조.
168) 단양군 단성면 외중방리 봉산에서 조사. 허순자, 한응근, 2003. 3. 21.
169) '남양주군 덕소읍의 떡수 썩재이 할미집은 코가 떨어진 주모가 경영
      하던 집으로 남한강 떼꾼들이 많이 찾아들자 색시들에게 정선아리

즉 궁핍한 산골 생활에서 위험하긴 하지만 많은 돈을 만질 수 있는 기회가 떼를 타고 돈을 버는, 그야말로 '떼돈 버는 일'이었다. 떼를 타는 경우 한 번 타고 마는 것이 아니라 오르락내리락 하며 연중 반복하게 되므로 오랫동안 집을 비우게 된다.[170] 그 기간만큼 부부간 정이 새로워지기도 하겠지만, 뗏목을 타고 가는

랑을 가르쳤다'(진용선, 『정선뗏목』, 76쪽)는 것처럼, 청풍을 경계로 하류 지역에는 정선아리랑이 영업상 필요에 의해서 학습되었던 것으로 볼 수 있다.

170) 조사자: 예전에 배 타셨으면 한 번 나가시면 기간이 꽤 걸렸죠?

우도봉: 이제 그 왜 사람이라는 그기, 우리가 이 하느님이 하시는 일을 그 때를 맞춰서 제대루 해 주면 되는데, 석 달 만에두 나와유. 저기 저 맛밭이라는데, 영월 덕포. 짐을 잔뜩 실었어유, 한 백오십 석. (아, 그 비가 안 와가지구?) 예, 가무니까. 그럴 때 우리가 생각할 적에 '아이구, 은제나 오나' 그러죠. 부모형제두 있는데, '이게 으째 안오나' 이래구서 하느님만 쳐다본다구. 그러면 비가, 천수가 많이 내려서 뭐냐 하면은 물이 이빠이 찬단 말이여. 그땐 간단 말이여. 그러면 우리 생각할 적에 인사도 못하지, 집 앞을 지나가두. 그 때 우리가 강가에 살았는데, 그저 '저, 어머니 갑니다' (지나가면서요?) 어, 그래두 어머닌 몰르시구, 이런 사실루 생각할 적에 인사도 못하지, 집 앞을 지나가두. 이런 사실루 생각할 적에 보면, 그래 갔다가. 서울서 그저 쌀 한 가마에, 전부 그건 돌 읎어유. 참 하얀 백미(白米). 참 좋어. 쌀 두어 가마 이제 가지구 집에 갖다 드리면, '아, 으쩬 걸 니가 가져오느냐'구. 그때는 뭐냐하믄 십 원, 그 십 원짜리가 퍼런 딱지가 있었어유, 일정 때. 아직은 몰르시지만은. 퍼런 딱지가 그때는 십 원이예유, 십 원. 그거 한 두어 장 디리구. '아, 이거 으쩬거냐구?', '아이, 으쩬거는 어머니, 번 돈이지유.' 이렇게 우리가 세상을 겪구 이젠 늙었습니다.

[제천시 덕산면 성내리, 우도봉 (남, 86세), 2002. 4. 5.]

길에 있는 숱한 유혹들과 두둑한 주머니 사정 때문에 금슬이 깨지는 경우도 많았다.[171]

떼를 탔던 분들과의 대화 중에는 유사한 사연들이 많이 등장하고, 더 이상의 속내는 말하지 않지만 상당히 많은 사람들이 고생한 고전을 모으기보다는 허비하는 경우가 많았던 것으로 짐작된다. 이럴 경우 정선아리랑 한 소절의 구슬픈 곡조는 답답한 속내를 달래기에 충분한 것으로, 결국 떼를 타던 사람이 많았던 지역에 보편적으로 분포하고 있는 이유와 일맥상통한다고 볼 수 있다.

한편, 정선아리랑의 분포지역이 청풍 상류지역으로 국한되는 것은, 남한강 수운을 이용하던 돛단배의 소강(溯江) 지점과도 일부 관련이 있을 것으로 보인다. 서울의 물산을 가지고 오르내리던 돛단배의 경우 청풍 상류 지역까지 올라오기도 했지만 그 규모나 빈도는 충주까지의 경우와 비교할 때 덜했던 것으로 보인다. 이것은 남한강을 이용한 상업활동이 물산의 교류에만 국한된 것이 아닌, 문화적 교류의 매개 역할을 했던 것으로 생각하게 하는 원인이 된다. 앞서 여주 덕소의 썩재이 집의 예에서처럼 드나

---

171) 조사자: 그럼 1년에 줄잡아 몇 번 (떼를) 탄다는 건 없겠지만,
   한상철: 그것만 타구 댕길 때넌 일 년에 여나무 번 넹기 탔지. 돈은 목돈언 부니까. 투기사업이라, 웅. 재수 있어서 잘만 내면, 물 좋어서 쭉 내리가구. 물 읂으면 그만 뭐, 숱헌 고생하구, 돈은 돈대루 못불구. 고전 다 읎애구, 집에 올 때 빈손으루 들어오구.
   조사자: 그래 그때 많이 좀 버셨어요?
   한상철: 아, 돈이야 만졌지만, 술먹구 그래너라구 많이 읎어유.
   한상철, 2002. 4. 5.

218

드는 사람에 따라 제공되는 서비스의 내용이 다르듯, 교류하는 사람들의 성향에 따라 즐기는 소리에서도 차이를 보일 수 있음을 암시한다. 이런 이유에서 남한강 상류 지역의 정선아리랑이 충주 하류에서는 잘 불리지 않았던 것으로도 파악할 수 있다.

이보다 본질적인 원인은 현장 답사 때마다 느끼는 각 지역의 언어에서 찾을 수 있다. 청풍 지역을 지나 단양으로 올라가면서 영월, 정선으로 들어가면 그 억양이나 발음에 있어 충주지역과는 확연한 차이를 느낄 수 있다. 강원도 사투리 투의 말씨들이 보편적인 곳에서는 정선아리랑이 폭넓게 분포한다. 반면 충주지역의 경우 경기도 사투리 내지는 서울 말씨와 닮아 있고, 그런 이유에서인지 정선아리랑의 구슬픈 곡조를 흉내 내어 부르기가 쉽지 않다. 그만큼 오랜 세월 동안 형성된 생활 문화를 통해 이루어진 당연한 결과물이 정선아리랑이 아닌가 생각하게 된다. 그것은 산간 지방과 충적 평야지대의 삶을 통해 형성된 문화의 이질성을 보여주는 예일 수 있으며, 남한강을 대상으로 하는 소문화권 구분의 기준이 될 수도 있을 것으로 생각된다.

결국 뗏목을 타고 남한강을 따라 전파된 정선아리랑은 그들 삶의 일부였으며 결정적인 문화 지표로 자리하는 것이다.

|그림 33| 정선 마지막 얻사공 신경우 어르신 ―정선아라리를 잘하신다

2) 돼지울과 강변의 아이들

과거 돼지울은 나무를 엮어서 둥그렇게 둘러쳐 만들었다. 뗏목이 지나던 강변 마을 아이들의 기억 속엔 노인이 된 지금도 '영월 뗏강아지, 돼지울 지어라'라는 말이 보편적으로 존재한다.[172]

뗏목이 여울목에 잘못 들어서면 돼지울처럼 말리면서 파선하게 된다. 그것을 두고 '돼지울 짓는다'고 표현했었다. 이것을 뗏사공 입장에서 들으면 더없이 심한 욕이 된다. 그러나 강변 아이들에게는 무료한 한낮의 즐거운 놀림거리이다. 경우에 따라서는 뗏사공에게 잡혀 떼에 태워져 혼쭐이 나는 일도 있었지만, 뗏사공과 강변 아이들의 입씨름은 계속됐던 것으로 보인다. 그 결과 현재 상황에서 그나마 떼에 대한 기억들을 남한강변 곳곳에서 이끌어 낼 수 있는 단서가 되며, 단편적이나마 남한강 뗏목에 관한 정보

---

172) 이런 이야기들은 뗏목이 지나가던 남한강 전역의 강변 사람들에게서 계속 나오고 있다.

를 읽어 낼 수 있는 것이다.

'영월 뗏강아지'란 표현에서 알 수 있듯, 하류 지역의 강변 마을에서는 남한강 떼가 영월에서 내려오는 것으로 인식하고 있었다. 앞에서 살핀 바와 같이, 한 바닥의 골안떼가 다시 네댓 바닥의 큰 뗏목으로 엮여지는 과정처럼 남한강 하류로 내려갈수록 큰 규모의 뗏목을 기억하고 있는 것이다. 결국 남한강 뗏목은 남한강을 따라 분포하는 마을들을 중심으로 일상의 한 부분으로 자리했으며, 일상생활 패턴의 변화에 따라 자연스럽게 잊혀져 간 것으로 볼 수 있다.

3. 재현되는 뗏목

현장 조사를 통해 잠정적으로 결론 내린 뗏목 운행의 중단 시점은 1950년대 초였다. 그러나 2003년 현재에도 남한강 곳곳에서 뗏목은 뜨고 있다.

충북 단양군의 5월 말 '소백산 철쭉제' 행사 때 도담삼봉 앞에서 뗏목 시승 행사가 있고, 8월 초면 강원 정선군의 아우라지 둔치에서 '아우라지 뗏목 축제'가 열리고, 또 영월 동강 둔치에서 비슷한 시기에 '영월 뗏목 축제'가 열린다. 물론 실내에서 제작 가능한 것이 아니기 때문에 뗏목 엮는 과정들을 간략하게나마 구경할 수 있고, 또한 짧은 거리나마 뗏목을 타고 물결의 일렁거림을 느낄 수 있다.

이러한 행사를 통해서라도 남한강 뗏목의 전통이 명맥을 유지하는 것은 다행이다. 그러나 여러 가지 측면에서 재고해야 할 것으로 판단된다.

뗏목은 아니지만, 뗏목 운행을 위해 무수한 사공들이 싸웠던 정선영월 간 골안(동강)의 여울들과 단양 영춘 북벽의 여울들은 현대적인 방법으로 상업화되어 있다. 몇 년 전부터 유행된 급류타기(레프팅)가 그것인데, 이에 대한 수요가 적지 않다.

뗏목과 고무보트를 적절히 조합하는 방법은 쉽게 떠오르지 않는다. 하지만 예전의 뗏길을 이용하고 있는 고무보트에 전통과 현대의 조화라는 측면에서 남한강 물길을 대상으로 하는 적절한 의미 부여와 상품개발이 모색되어야 할 것으로 보인다.

이상으로 '남한강 뗏목'과 관련한 개략적인 사항들을 정리해 보았다. 부족한 글이었지만 논의의 대강을 요약한다.

첫째, 남한강을 중원문화 형성의 필수적인 배경 요인으로 설정했다. 선사(先史)·역사(歷史) 시대를 거쳐 남한강을 중심으로 형성되었던 수많은 현상들은 중원문화를 이루는 골격들로 그것은 기왕에 충주댐 건설과 함께 이루어졌던 역사학계의 성과에서 확인할 수 있다. 동시에 남한강은 독립된 연구 대상으로서의 가치가 있음을 강조했다.

둘째, 남한강에 대한 이해를 위해 물길을 이용하던 수단이었던 돛단배와 뗏목 중, 일방향적으로 내려갔던 뗏목에 관해 정리했다.

│그림 34│ 목계에서 재현된 뗏목

기왕에 '정선 뗏목', '영월 뗏목'으로 불리던 것을 남한강 전체의 상황에서 '남한강 뗏목'으로 통칭하고 벌채부터 운목까지의 과정을 기술하여 남한강 뗏목의 이해를 도왔다.

셋째, 남한강 뗏목을 중심으로 이루어졌던 문화현상을 살피기 위해 '정선아리랑'을 소재로 삼았다. 현장 답사를 통해 정선아리랑의 분포가 일정 지역에 한정됨을 확인했고, 그 원인의 하나로 뗏목에 종사했던 사람들이 많았던 지역과의 상관성을 들었다. 다시 그것은 남한강 수운의 이용 상황에서 돛단배의 소강 지역과 관련이 있을 것으로 가정했고, 나아가 남한강이 만들어 준 산지와 평야지대의 주거 환경 요인에서 오는 문화적 변별 요인으로 작용할 수 있음도 지적했다.

넷째, 현재 부분적으로 이루어지는 뗏목 행사를 통해 남한강 뗏목의 전통이 살아 있음을 확인했다. 특히 현대의 레저스포츠로 각광받는 레프팅과 뗏목을 통한 남한강의 의미를 되살린다면 좋은 성과가 있을 것으로 기대한다.

VI. 맺음말

남한강 유역은 유구한 역사의 흐름 속에 많은 변화를 겪어
왔다. 선사시대의 유적지로서, 삼국시대의 격전지로서, 권문세가
를 배출한 사대부 문화의 요람지로서 남한강 유역이 지닌 문화적
층위는 실로 다양하다. 이 글에서는 그중에서도 남한강 수운의
문화적 층위에 주목하였다.

남한강 물길은 이곳에 사람들이 거주하기 시작하면서 이동 수
단으로 사용되었겠지만, 이 물길이 본격적인 수송로로 사용되기는
고려조의 조운제(漕運制)부터이다. 세곡을 운반 저장하기 위하여
강에 설치되었던 조창은 두 군데였는데, 이 두 곳의 조창인 원주
의 흥원창과 충주의 가흥창은 모두 남한강변에 위치하고 있었다.
남한강의 조운제는 조선 전기에도 지속되었지만, 조선 후기로 들
어오면서 경강상인, 강주인(江主人)이라는 신흥세력가들이 등장하
며 큰 변모를 겪는다. 이른바 남한강 수운의 전성시대가 열리는
것이다. 그들은 기존의 수로와 육로망을 적극적으로 이용하며 한
반도 중부지역 이하의 경제와 문화를 지배하였고, 나름의 나루문
화를 형성하고 전파하며 남한강 유역의 번영을 가져왔다.

『대동지지』에 의하면 남한강에는 43처의 나루가 있었는데, 이
는 거의 5~6km의 거리마다 강변에 나루가 분포되었던 셈이다. 그

중에서도 양근에 8군데, 광주에 8군데, 여주에 6군데, 충주에 8군데로 충주까지의 남한강변에 나루가 집중되어 있었다. 이들 나루 중에는 각 지역의 거점이 되는 중심 나루들이 있었는데, 이곳은 장삿배들이 끊임없이 드나들며 상업도시로 발전해 나갔다. 중심 나루에 장삿배가 들어올 때마다 대규모의 물물교환이 이루어지는데, 갯벌장의 거래품목으로는 서울지역에서는 소금, 새우젓, 염건어, 직물, 설탕, 석유 등이 올라오고, 상류지방에서는 미곡, 콩, 참깨, 담배, 옹기, 임산물 등이 내려갔다. 이러한 물품들은 주로 객주, 여각을 통해서 거래되었기 때문에 중심 나루에서는 물건을 저장하기 위한 창고도 많았고, 주막도 번성하였다.

남한강의 나루에는 뱃사람, 떼꾼, 임방꾼, 장사꾼들과 물물교환을 하러 나온 지역 주민들로 항상 붐비었기 때문에 각종 정보와 문화가 교류되는 사교의 장이자 놀이의 장이 되곤 했다.

남한강 유역은 강변의 생활을 바탕으로 하는 민속 문화를 가지고 있었다. 남한강변의 민속 문화는 뱃놀이와 어로민속을 비롯해서 물길의 안전을 기원하는 제사의식이 두드러진다. 제당도 강변을 바라보고 있고 동제도 수신제의 성격이 강하다. 원주 부론면의 자산당제, 충주 앙성면의 가죽나무배기의 당처럼 주민이 아닌 뱃사람들이 제를 지내는 제당도 있다. 정초에 배를 부리는 사람들은 뱃고사를 지내고, 부녀자들은 가족의 안전을 위해 용왕제와 어부심을 드린다.

남한강 수운과 중심 나루의 번영은 이러한 소박한 민속현상에 변화를 가져왔다. 중심 나루에 돛단배가 들어와 교역활동이 활발해지자 각처에서 모여든 사람들로 붐비게 되고, 이를 바탕으로 축제적 문화가 형성되었던 것이다. 이 중 두드러지는 것은 굿과 놀이가 병행되는 대규모의 굿놀이이다. 이포의 삼신당굿과 목계의 별신굿이 그 대표적인 형태이다. 이포의 삼신당굿과 목계의 별신굿은 여러모로 제사의식과 놀이가 한데 어우러져 있는데, 이러한 굿의 형태가 상업포구에서 행해지는 당굿의 전형이라고 보인다. 남한강 유역의 나루 중 양평 한여울나루의 고창굿이나 여주 양화나루의 서낭굿 역시 동일 형태였음이 이를 뒷받침한다. 고창굿이나 별신굿이 거행되는 이포와 목계는 돛단배가 짐을 푸는 중심나루로 객주와 선주 등 상인들의 활동 거점이었다. 이러한 굿들은 지역 신흥세력들의 경제성을 바탕으로 장시나 나루의 안녕과 번영을 기원하는 동시에 놀이화를 통하여 사람들을 끌어모으는 역할도 병행하였던 것이다.

이런 현상은 민속놀이에서도 찾을 수 있다. 여주의 쌍룡거줄다리기와 목계의 기줄다리기가 그 대표적 예이다. 남한강의 줄다리기는 행사를 전후해서 뱃길의 안녕과 뱃사람들의 무사고를 기원하는 제사가 두드러진다는 점과 풍요를 상징하는 용의 모의결합 행위가 강조된다는 점, 줄다리기가 끝난 후 송액의 의미로 줄이 강에 떠내려 보내진다는 점 등의 공통점을 보인다. 따라서 여주의 쌍룡거줄다리기나 목계 줄다리기 역시 강변의 소박한 민속이 상업포구의 번영으로 인하여 대규모 축제로 변모하였던 것이다.

남한강 유역은 댐의 건설로 물길이 끊기고, 철도와 도로가 건설되어 수운의 역할을 대신한 이후로 계속 침체의 길을 걸어 왔다. 그러나 문화와 관광의 시대를 맞이하여 남한강 유역은 중흥의 호기(好機)를 맞고 있다. 남한강변이 가지고 있는 유구한 역사와 다양한 문화적 층위는 문화 관광의 중요한 자산이 되기 때문이다. 고무적인 사실은 근자에 이르러 수운의 전통이 지역 문화의 중심 테마로 부각되며 문화상품화되고 있다는 것이다. 양평, 여주 등지에서는 돛단배를 재현하여 운행을 함으로써 축제에 활용하거나, 관광상품으로 활용하고 있고, 정선, 영월, 단양 등지에서는 뗏목의 제작과 시승을 지역 축제의 중심 테마로 하여 나름의 효과를 거두고 있다. 목계의 별신제와 이포의 삼신당제와 같은 중심 나루의 대규모 굿도 재현되어 주기적으로 거행되고 있다.

남한강은 예나 지금이나 끊임없이 흐르고 있지만, 그 강을 어떻게 활용하여 생활에 도움을 얻는가는 항상 그 강변에 살고 있는 주민들의 몫이었다. 물론 남한강의 수운도 끊긴 지 오래지만 그 전통이 남긴 문화적 자취는 여전히 존재하며, 정체된 남한강의 지역 사회를 다시 한 번 부흥시킬 수 있는 충분한 힘을 지니고 있다.

|참고문헌|

❖ 단행본

경기도박물관,『한강』-환경과 삶, 2002.

국립민속박물관,『한민족의 젖줄 한강』, 신유문화사, 2000.

국립청주박물관,『남한강 문물』, 하이센스, 2001.

김재근,『한국의 배』, 서울대학교출판부, 1994.

비숍,『조선과 그 이웃 나라들』, 집문당, 2000. 83쪽.

신정일,『신정일의 한강역사문화탐사』, 생각의 나무, 2002.

서울시사편찬위원회,『漢江史』, 1985.

수도권관광진흥협의회,『민족의 젖줄 한강』, 2001.

이능화,『조선무속고』, 계명구락부, 1937.

이원식,『한국의 배』, 대원사, 1990, 91쪽.

이원식 외,『한강』, 대원사, 1990.

이창식,『충북의 민속문화』, 충북학연구소, 2001.

진용선,『정선 뗏목』, 정선문화원, 2001.

정선군,『旌善의 鄕史』(내 고장 전통 가꾸기), 2001.

최승순 외,『인제 뗏목』, 강원대학교박물관, 1986.

최영준,『국토와 민족생활사』, 한길사, 1997.

한국향토사연구전국협의회,『한강유역사연구』, 도서출판 산책,
        1999.

한우근,『한국개항기의 상업연구』, 일조각, 1993.

❖ 논 문

강만길, 「李朝漕船史」, 한국문화사대계 Ⅲ, 1970.

김종혁, 「동국문헌비고에 나타난 한강 유역의 장시망과 교통망」, 경제사학 30호, 경제사학회, 2001.

김종혁, 「조선 후기 한강유역의 교통로와 시장」, 고려대학교 박사논문, 2001.

김예식, 「남한강과 수운 – 수로를 통한 물류통상」, 남한강 학술회의 발표문, 2001. 12.

김현길, 「中原文化 硏究의 回顧와 展望」, 『中原文化硏究』, (사)예성문화연구회, 1998.

김현길, 「中原文化圈 諸說의 檢討」, 『충북과 중원문화』(제3회 충북학심포지움 발표요지).

김현길, 「남한강유역의 역참과 조운」, 『충북향토문화』 제12집, 2001.

박평식, 「조선 초기 시전의 성립과 禁亂문제」, 『한국사연구』 93집.

이병천, 「조선 후기 상품유통과 여각주인」, 『경제사학』 6집, 1983.

이융조, 「中原地方의 舊石器文化」, 『中原文化硏究』, (사)예성문화연구회, 1998.

이정재 외, 「남한강 주변의 민속문화」, 제14회 중원문화학술대회, 예성문화연구회, 2002.

최영준, 「남한강수운연구」, 지리학 제35호, 1987. 대한지리학회.

최완기, 「조선 전기 조운시고」, 『백산학보』 제20호, 1976, 395쪽~399쪽.

홍순권, 「개항기 객주의 유통지배에 관한 연구」, 『한국학보』 39집, 2000.

강원도 영월군 하동면 대야리, 이대희 (남, 44세)
강원도 영월군 하동면 대야리, 허송원 (남, 72세)
강원도 영월군 영월읍 거운리, 홍원도 (남, 70세)
강원도 영월군 영월읍 덕포리, 김금자 (여, 73세)
강원도 정선군 북면 여량리, 최종인 (남, 69세)
강원도 정선군 북평리, 고광윤 (남, 60세, 전 이장님)
강원도 정선군 북평리, 김동규 (남, 67세)
강원도 정선군 북평리, 임동규 (남, 68세)
강원도 원주시 부론면 정산1리, 박한선 (남, 45세, 전 이장)
경기도 남양주군 마재, 정규혁 (남, 77세)
경기도 양평군 양서면 양수리, 김용운 (남, 82세)
경기도 양평군 양서면 양수리, 손종구 (남, 43세)
경기도 양평군 대심리 한여울, 김경용 (남, 83세)
경기도 양평군 대심리 한여울, 이씨 할머니 (여, 80세 정도)
경기도 양평군 대심리 상심, 최옥현 (남, 62세)
경기도 양평군 개군면 앙덕리, 이금산 (남, 70세)
경기도 양평군 개군면 하자포리, 김동해 (남, 73세)
경기도 양평군 대심리 한여울, 김경용 (남, 83세)
경기도 양평군 양서면 양수5리, 김용운 (남, 82세)
경기도 여주군 북내면 천송1리, 원세진 (남, 75세)
경기도 여주군 북내면 천송2리, 창상화 (남, 42세)
경기도 여주군 점동면 삼합리 대오마을, 최대현 (남, 54세)
경기도 여주군 점동면 삼합리 대오마을, 박광덕 (남, 43세)
경기도 여주군 삼합리 도리마을, 민영선 (남, 66세)
경기도 여주군 점동면 삼합리 도리마을, 이재오 (남, 74세)
경기도 여주군 점동면 흔암리 흔바위 마을, 박정의 (남, 61세)

---

173) 제보자의 연령은 조사 당시를 기준으로 하였다.

경기도 여주군 여주읍 학동, 심성택 (남, 85세)

경기도 여주군 강천면 이호리, 방호경 (남, 70세)

경기도 여주군 대신면 천남리, 임일석(남, 76세)

경기도 여주군 능서면 내양리 양화동, 강선국 (남, 47세)

경기도 여주군 능서면 내양리 양화동, 이성진 (남, 76세)

경기도 여주군 흥천면 상백리 찬우물, 경영호 (남, 66세)

경기도 여주군 금사면 이포리, 이진우 (남, 40세)

경기도 여주군 금사면 이포리, 최병두 (남, 84세)

경기도 여주군 금사면 이포리, 정용오 (남, 71세)

경기도 여주군 금사면 이포리 수구마을, 김영호 (남, 65세)

경기도 여주군 금사면 이포리, 이진우 (남, 40세)

경기도 여주군 금사면 이포리, 최병두 (남, 84세)

경기도 하남시 배알미동, 손낙기 (남, 74세)

강원도 원주시 부론면 흥호2리, 도만수 (남, 68세)

강원도 부론면 법천리, 박기영 (남, 88세)

충청북도 충주시 앙성면 단암리, 정윤종 (남, 87세)

충청북도 충주시 앙성면 강천리, 홍성표 (남, 87세)

충청북도 충주시 앙성면 조천리 조대, 김병철 (남, 70세)

충청북도 충주시 가금면 가흥리 하가흥, 안기두 (남, 71세)

충청북도 충주시 가금면 탑평리 탑돌마을, 이성귀 (남, 70세)

충청북도 충주시 가금면 탑평리 탑돌마을, 오상덕 (남, 66세)

충청북도 충주시 가금면 탑평리 탑돌마을 김한수 (남, 65세)

충청북도 충주시 가금면 탑평리 안반내마을, 이종수 (남, 69세)

충청북도 충주시 소태면 중청리 하청마을, 노한식 (남, 54세)

충청북도 충주시 앙성면 능암리 대평촌, 구성의 (남, 71세)

충청북도 충주시 앙성면 능암리 대평촌, 장만규 (남, 83세)

충청북도 충주시 소태면 복탄리, 권영호 (남 67세)

충청북도 충주시 소태면 복탄리, 이종화 (남 61세)

충청북도 제천시 덕산면 성내리, 우도봉 (남, 86세)

충청북도 제천시 청풍면 광의리, 한상철 (남, 82세)
충청북도 제천시 한수면 송계리 문화마을, 배용준(남, 82세)
충청북도 단양군 단양읍 도담리, 최병건 (남, 42세)

❀❀ 저자소개 ❀❀

이정재

경희대학교 국어국문학과를 졸업하고, 독일 뮌헨대학에서 문학박사 학위를 받았다.
현재 경희대 국어국문학과 교수로 재직 중이다.
『동북아의 곰문화와 곰신화』·『시베리아부족신화』 등 다수의 논저가 있다.

김준기

동국대학교 국어국문학과를 졸업하고, 경희대에서 문학박사 학위를 받았다.
현재 경희대 국어국문학과 겸임교수로 재직 중이다.
『서사무가 당금애기연구』·『신모신화연구』 등 다수의 논저가 있다.

배규범

경희대학교 국어국문학과를 졸업하고, 경희대에서 문학박사 학위를 받았다.
현재 청주대 학술연구교수로 재직 중이다.
『불가시문학론』·『선가귀감』 등 다수의 역저가 있다.

이성희

경희대학교 국어국문학과를 졸업하고, 경희대에서 문학박사 학위를 받았다.
현재 미국 Indiana Univ. Bloomington Dept. of East Asian Languages & Cultures에
Visiting Professor로 재직 중이다.
「아이 지혜담 연구」, 「용궁의 서사문학적 구현 양상 연구」 등 다수의 논저가 있다.

남한강 수운의 전통

• 초 판 인 쇄	2007년 7월 21일
• 초 판 발 행	2007년 7월 21일
• 지 은 이	이정재, 김준기, 배규범, 이성희
• 펴 낸 이	채종준
• 펴 낸 곳	한국학술정보㈜
	경기도 파주시 교하읍 문발리 526-2
	파주출판문화정보산업단지
	전화 031) 908-3181(대표) · 팩스 031) 908-3189
	홈페이지 http://www.kstudy.com
	e-mail(출판사업부) publish@kstudy.com
• 등 록	제일산-115호(2000. 6. 19)
• 가 격	24,000원

ISBN 978-89-534-7043-9 93390 (Paper Book)
　　　 978-89-534-7044-6 98380 (e-Book)